U0857886

畜禽养殖
废弃物资源化利用新技术

CHUQIN YANGZHI FEIQIWU ZIYUANHUA LIYONG XINJISHU

● 娄佑武　吴志勇　管业坤　主编

江西科学技术出版社

图书在版编目(CIP)数据

畜禽养殖废弃物资源化利用新技术 / 娄佑武，吴志勇，管业坤主编. -- 南昌 : 江西科学技术出版社，2017.9(2018.10 重印)

ISBN 978-7-5390-6079-8

Ⅰ.①畜… Ⅱ.①娄… ②吴… ③管… Ⅲ.①饲养场废物-资源利用 Ⅳ.①X713

中国版本图书馆 CIP 数据核字(2017)第 235606 号

国际互联网(Internet)地址:

http://www.jxkjcbs.com

选题序号:ZK2017205

图书代码:B17086-102

畜禽养殖废弃物资源化利用新技术 娄佑武 吴志勇 管业坤 主编

出版发行	江西科学技术出版社
社址	南昌市蓼洲街 2 号附 1 号
	邮编:330009 电话:(0791)86623491 86639342(传真)
印刷	南昌市红星印刷有限公司
经销	各地新华书店
开本	850mm×1168mm 1/32
字数	120 千字
印张	5
版次	2017 年 9 月第 1 版 2018 年 10 月第 2 次印刷
书号	ISBN 978-7-5390-6079-8
定价	20.00 元

赣版权登字-03-2017-338

《畜禽养殖废弃物资源化利用新技术》

编委会

前 言

江西是畜禽养殖大省。据统计,2016 年全省生猪出栏 3100 万头,肉牛出栏近 159 万头,家禽出笼 5.06 亿羽,每年畜禽养殖产生的粪污约 1.25 亿吨。畜禽养殖在保障畜产品有效供给的同时,养殖废弃物也给环境带来了较大压力。如何治理畜禽养殖粪污等废弃物,促进畜牧业绿色循环发展,是当今畜禽养殖面临的重大而迫切的课题。

“畜禽养殖产生的废弃物是农村能源和有机肥的重要资源。”习近平总书记在中央财经领导小组第十四次会议上强调,“加快推进畜禽养殖废弃物处理和资源化,关系农村居民生活环境、关系农村能源革命、关系能不能改善土壤地力,治理农业面源污染是一件利国利民利长远的大好事。”

国务院办公厅印发的《关于加快推进畜禽养殖废弃物资源化利用的意见》指出,要坚持保供给与保环境并重,坚持政府支持、企业主体、市场化运作的方针,坚持源头减量、过程控制、末端利用的治理路径,以畜牧大县和规模养殖场为重点,以农用有机肥和农村能源为主要利用方向,健全制度体系,强化责任落实,完善扶持政策,严格执法监管,加强科技支撑,强化装备保障,全面推进畜禽养殖废弃物资源化利用,为全面建成小康社会提供有力支撑。到 2020 年,建立科学规范、权责清晰、约束有力的畜禽养殖废弃物资源化利用制度,构建种养循环发展机制,全国畜禽粪污综合利用率达到 75% 以上,规模养殖场粪污处理设施装备配套率达到 95% 以上、大规模养殖场提前一年达到100%。畜牧大县、国家现代农业示范区、农业可持续发展试验示范区和现代农业产业园率先实现上述目标。

为贯彻落实习近平总书记讲话精神和国务院办公厅通知精神，从技术上指导和帮助规模养殖场加快推进畜禽养殖废弃物处理和资源化利用，力争实现江西省规模畜禽养殖粪污处理和资源化利用“十三五”时期目标任务，我们结合江西省案例，着重从生猪、水禽生态健康养殖技术、粪便资源化处理技术以及固体废弃物资源化利用新技术等方面予以介绍，同时还收集了国家、省有关废弃物资源化利用方面的法律法规及标准。

本书文字通俗易懂，并穿插了大量的案例图片，便于读者理解与掌握。介绍的技术具有先进性、实用性和可操作性的特点，符合生产实际，是各级畜牧技术推广人员和养殖场（户）相关人员实用参考书。

本书由“江西省现代农业产业技术体系建设专项资金”（生猪、水禽体系）、“江西省现代农业科技创新联盟资金”以及“江西省科技成果重点转移转化计划（20152BBI90027）”等项目资金资助。在编写过程中，江西省畜牧兽医局，有关设区市、县（市、区）畜牧兽医局和养殖企业负责人（技术人员）提供了大量的技术资料和图片，在此一并表示感谢！由于编写时间仓促、水平有限，书中如有错误之处，敬请读者批评指正！

编　者

2017 年 7 月

目 录

第一章　生态健康养殖技术

第一节　高床生态养殖技术

一、“高架床＋益生菌”生态养殖模式

（一）技术要点

1. 高架双层式栏舍

为钢混双层楼结构，栏舍长50～60米，宽9～10米，总高≥6米（见图1－1－1）。其中，下层为集粪区，高2.0～2.5米，上层为养殖区，高3.5～4.0米。上层养殖区根据饲养管理需要用格栅栏分隔成若干个栏位，每一小栏单间靠近人行通道一侧设置猪栏门。下层顶梁柱采用钢筋混凝土制成。见图1－1－2。

图1－1－1　栏舍外观示意图（广西容县陈忠洪　供图）

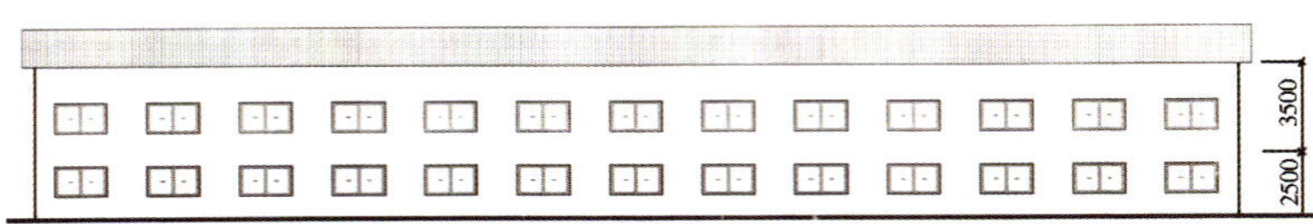

图 1－1－2　栏舍正立面图

2. 全漏缝扭纹钢地板

上层中间设置一人行通道，宽 1.2～1.5 米，通道地板为混凝土结构，与入口相连；人行通道的左右两侧至墙体的横梁上设置全漏缝扭纹钢地板，地板由直径 12 毫米扭纹钢材料拼接而成为高架网床，漏缝间隙 10～12 毫米，既保证猪脚不被钢筋缝隙夹住，又能满足猪的承重要求，且猪排泄物直接从钢筋缝中掉入集粪区，即使难掉下的粪便，猪来回走动加上钢筋网床的弹性，粪便很容易掉入集粪室，不需要用水清洗。下层地板为混凝土结构，稍有坡度。见图 1－1－3。

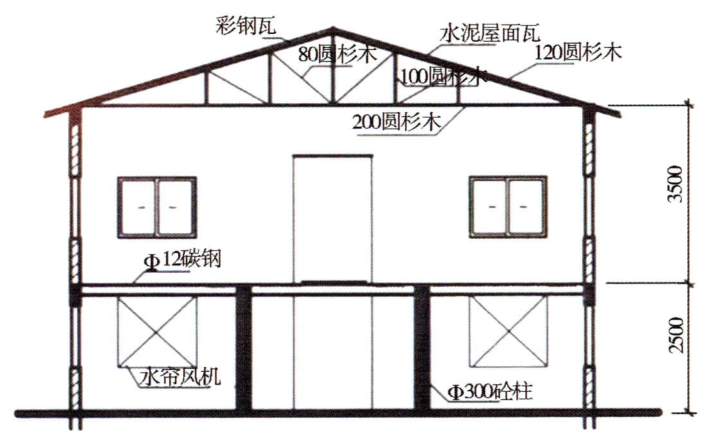

注：1. Φ 为直径。2. 数字后面的单位均为毫米。

图 1－1－3　栏舍剖面图

3. 负压通风

屋顶采用隔气隔热材料建设，上下层纵向两侧均安装若干个可推拉大框架铝合金窗。栏舍一端下层分别安装负压抽风机,另一端上层安装水帘。见图1-1-4。

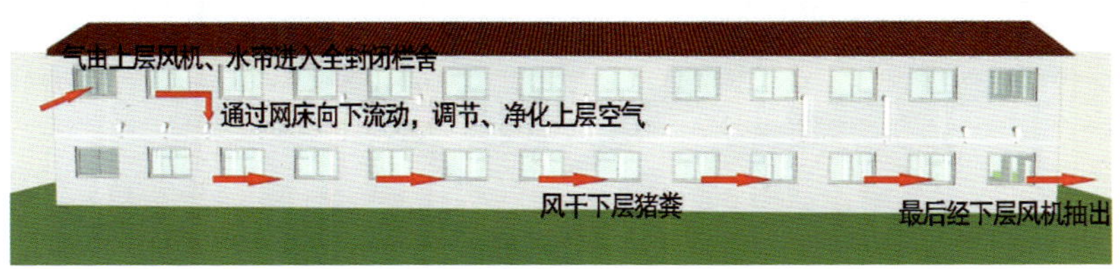

图1-1-4　舍内空气流动示意图(广西容县陈忠洪　供图)

4.凹墙式饮水装置

用直径25厘米的PVC管弯头作为饮水器且安装在上层墙体内,外用管道将饮水时滴漏的余水收集外排,避免饮用余水滴流到底层发酵粪堆,致使水分增加。

5.添加益生菌饲喂

将商品益生菌按说明添加方式添加到全价饲料中,搅拌均匀后饲喂。

6.粪便堆积发酵

从猪进栏开始每隔3~5天对下层的粪堆周围进行清扫堆积1次,每隔7~15天向粪堆喷洒微生态制剂。同时撒入锯末、谷壳或碎秸秆补充碳源,维持菌群生长,保证粪便持续发酵。发酵产热蒸发的水分,通过底层负压风机将水汽抽出,粪便含水量平衡在30%左右。待猪全部出栏后,将发酵好的粪便全部清理,存放在储粪房供种植业使用或供有机肥加工厂作原料。见图1-1-5。

7.环境处理

每隔10~15天对栏舍内外环境喷洒微生态制剂1次,禁止在栏舍内外使用化学消毒药液。

（二）适用范围

适用于饲养育成、育肥猪，饲养密度以 1.00～1.25 头/米^{2}为宜。

图 1－1－5　集粪区透视图（广西容县陈忠洪　供图）

（三）优缺点

1. 优点

（1）免水冲洗，饮用余水收集回流，全程无污水排放，有效解决猪场污水处理难的问题；

（2）添加益生菌饲喂，减少猪肠道等疾病发生，杜绝抗生素等药物滥用，保障猪肉食品安全；

（3）猪与粪便完全分离，为猪提供清洁、舒适的生长环境，提高生长速度，增加养殖效益；

（4）猪粪充分发酵后可制成初级有机肥，变废为宝。

2. 缺点

（1）栏舍建设成本高，为 1500 元/米^{2}左右；

（2）增加益生菌成本投入。

（四）典型案例

1. 基地简介

安远双胞胎畜牧有限公司，位于江西省安远县龙布镇，是双胞胎集团旗下养殖板块子公司。该公司占地 300 亩，现存栏母猪

1800 余头，年提供种猪 12000 头、商品猪 24000 头。作为江西省首批“高架床 + 益生菌”生态养殖示范项目实施单位，于 2016 年开始新建高架双层栏舍 500 平方米，开展相关试点示范工作。使用该模式的猪群节约用水量约 70%，几乎无养殖污水外排。

2. 工艺流程图（见图 1 – 1 – 6）

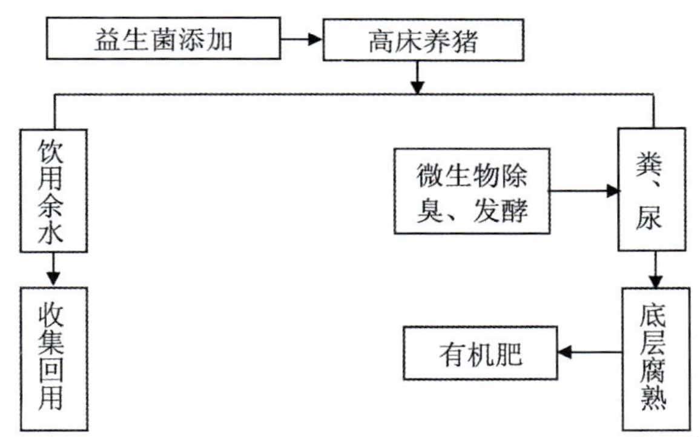

图 1 – 1 – 6　“高架床 + 益生菌”生态养殖模式

3. 主要技术单元现场图（见图 1 – 1 – 7、图 1 – 1 – 8、图 1 – 1 – 9、图 1 – 1 – 10、图 1 – 1 – 11、图 1 – 1 – 12、图 1 – 1 – 13、图 1 – 1 – 14）

图 1 – 1 – 7　上层养殖区

图1－1－8　全漏缝扭纹钢网床

图1－1－9　凹墙式饮水装置

图 1－1－10　风机

图 1－1－11　水帘

图 1－1－12　舍外饮用余水回流装置

图 1－1－13　饮用余水收集池

图 1－1－14　粪便堆积发酵

二、育肥猪高床节水技术

“育肥猪高床节水技术”是由江西省生猪产业技术体系环境岗位团队提出的并被遴选为农业部 2017 年农业主推技术，其核心是改变传统水泥地面栏舍设计，将“漏缝地板”“斜坡集粪槽”“饮用余水导流设计”三者之间有机结合的生猪清洁生产模式。

（一）技术要点

1. 漏缝地板设计（见图 1－1－15）

猪场栏舍设计采用漏缝地板（全漏缝或 2/3 漏缝地板），地板材质可以为水泥或是扭纹钢，猪粪尿通过漏缝地板进入栏舍架空层集污区，便于粪便的收集，做到了干湿分离，同时实现了猪场免冲栏工艺，大大降低了废水产生量。

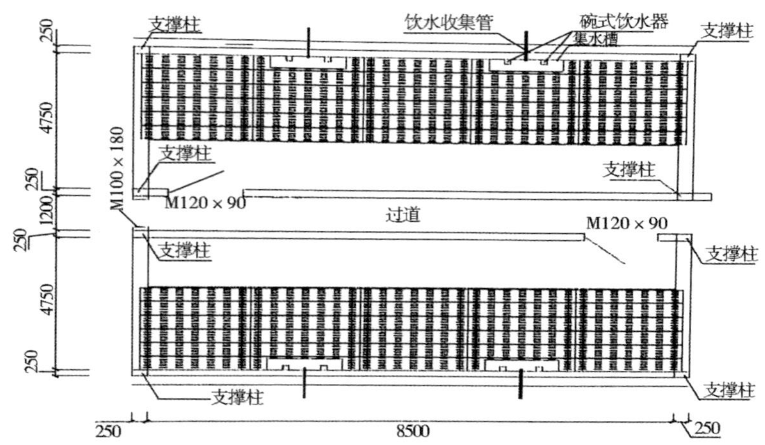

注:1. M 为横切面积。2. 数字后面的单位均为毫米。

图 1－1－15　漏缝地板示意图

2. 斜坡集粪槽

栏舍采取高床漏缝建筑(见图 1－1－16),栏舍漏缝地板下部集粪池采用横纵向斜坡设计,高度约为 1.4 米,尿液自流进入集水沟收集,易于废水的收集和处理;干粪由于流动性差被截留在斜坡上,实现固液分离,大大降低废水中有机物的浓度。

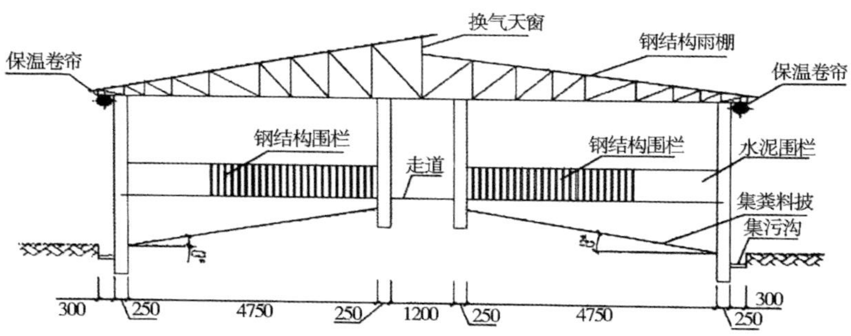

注:数字后面的单位均为毫米。

图 1－1－16　高架床栏舍设计

3. 饮用余水导流设计

饮水装置采用碗式饮水器，饮水器下部设计水泥槽将饮用余水通过专用管道引入清洁水池避免饮用余水进入粪污处理系统，减少废水产生量。

4. 机械自动清粪

猪粪和尿液一起被踩入或直接漏入粪沟，粪沟中的固体粪便可以采用机械清粪方式。常用的机械清粪方式有链式刮板清粪、往复式刮板清粪等。见图 1－1－17。

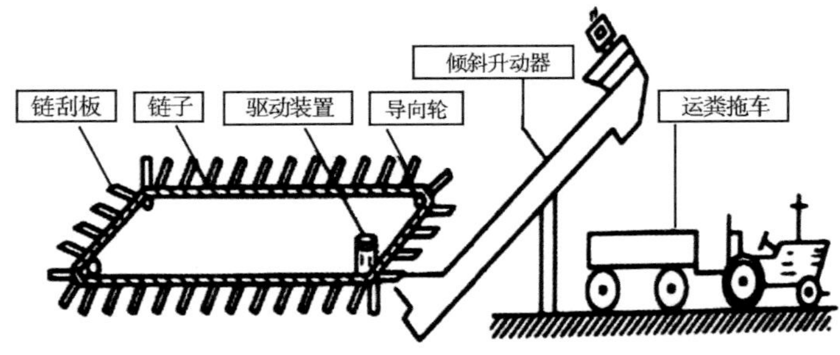

图 1－1－17 链式刮板清粪机示意

（二）适用范围

适合大规模养殖场饲养育成、育肥猪，饲养密度以 0.8～1.0 头/米^{2}为宜。

（三）优缺点

1. 优点

（1）栏舍免冲洗，饮用余水导流进入雨水沟，有效减少废水的产生量，降低污水排放量；

（2）舍内环境好，漏缝地板干净卫生，改善家畜卫生和防疫条件；

（3）斜坡设计容易实现固液分离，方便收集，同时减轻末端固粪和污水的处理压力。

2. 缺点

(1)初期投资成本较高;

(2)工艺水平及运行管理要求较高;

(3)粪尿存于漏缝地板下沟槽内,一定程度上增加了舍内氨气等有害气体浓度。

(四)典型案例

1. 基地简介

南昌市正华农牧有限公司位于南昌县蒋巷镇,是江西省农业产业化经营省级龙头企业、中央储备肉活畜储备基地、无公害农产品基地。该公司猪场建筑面积56000平方米,存栏母猪2600头,年出栏商品猪5万余头。猪场采用高床节水养殖模式,栏舍免冲洗,实施雨污分流、碗式饮水器余水回收,污水排放做到了减量化,同时也提升了经济效益。

2. 工艺流程图(见图1-1-18)

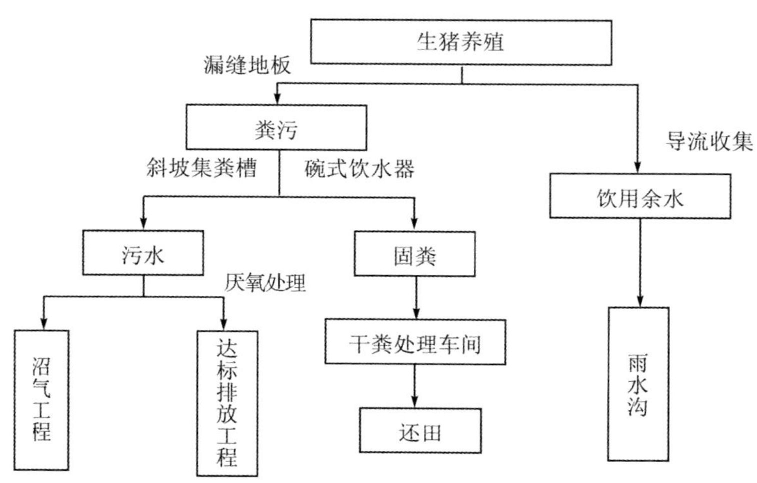

图1-1-18 育肥猪高床节水技术

3. 主要技术单元现场图(见图 1 - 1 - 19、图 1 - 1 - 20、图 1 - 1 - 21、图 1 - 1 - 22、图 1 - 1 - 23)

图 1 - 1 - 19　漏缝地板

图 1 - 1 - 20　高架床栏舍

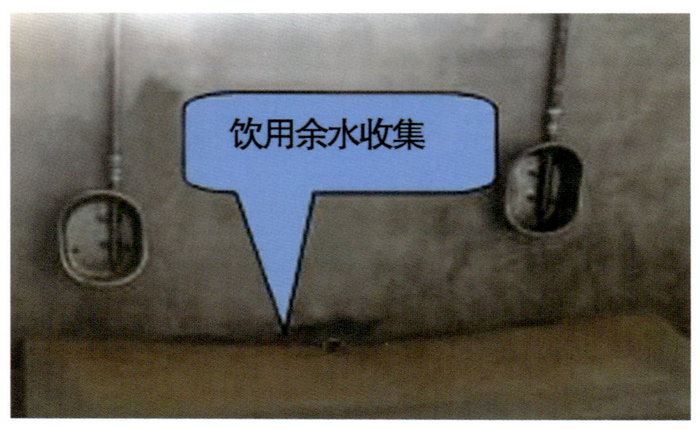

图 1－1－21　饮用余水收集图

图 1－1－22　集粪斜坡

图 1－1－23　清粪道在中间、两侧

第二节　鸭生态养殖技术

一、肉鸭网床旱养技术

（一）技术要点

1. 设施设备

（1）鸭舍结构

鸭舍一般采用砖瓦结构或钢构建造，并有一定的保温和散热设施，要求冬暖夏凉，阳光充足，空气流通，干燥防潮，经济耐用。

（2）鸭舍地面处理

地面选材主要有三种：一是砖；二是水泥；三是石灰、红土、炉灰渣按 1∶1∶2 夯实的三合土。双列式鸭舍在网架底部设集粪池，宽度在 1.5 米左右，采用机械刮粪的方式比较省工省力；单列式通常在靠舍外的过道侧的网架底部，挖一条宽 20～25 厘米的排粪沟,人行道应比排粪沟底高 10~15 厘米,网架下从距排粪沟远侧向排粪沟底倾斜。粪沟底及两侧用水泥抹好,舍外设集粪池。

(3)网床制作

网面:可采用软质塑料网、镀锌钢丝网、木栅网、竹片(竿)栅网。框架:可用直径 5 厘米的竹竿或相应规格的木料按可利用空间制作。当用竹竿或木栅网时,也可直接固定在砖砌的矮墙上。

框架支撑:水泥预制件、砖垛、矮墙皆可。高度以使网面距地面 60~160 厘米不等。

图 1-2-1 单列式网床

网床规格:

塑料网:用 1.7~3.5 厘米大小的网眼。塑料网的交接处用竹片/木片钉好压实。

栅网:用直径 1.0~1.5 厘米的竹竿或 1.0~1.5 厘米宽的木条、竹篾,按 1.5~2.0 厘米的间隙钉制成栅网;或用直径 2.0~3.0 厘米的镀塑或镀锌钢丝焊接成网孔长 2.0 厘米的网片。

育雏床竹片/木片间距 1.0 厘米,中大鸭竹片/木片间距 2.0 厘米。

图 1－2－2　双列式网床

网床安装:过道一侧围以塑料网/木栅,高度 30～40 厘米。网床过长时,可用网片分隔成小的区块。见图 1－2－1、图 1－2－2。

(4)饮水设施

安装自动饮水设施(见图 1－2－3)。

图 1－2－3　自动饮水方式

(5)消毒设施

背负式喷雾器、消毒机、自动喷雾设备皆可。有条件时,在网床上下安装畜禽舍空气电净化系统(见图 1－2－4),一方面可随时对舍内空气进行净化除尘,保持舍内空气状况良好,同时可达到除臭的目的,最重要的是,舍内空气中钝化、灭活的病原微生物气溶胶可达到免疫的效果,从而提高禽只的抗逆性。

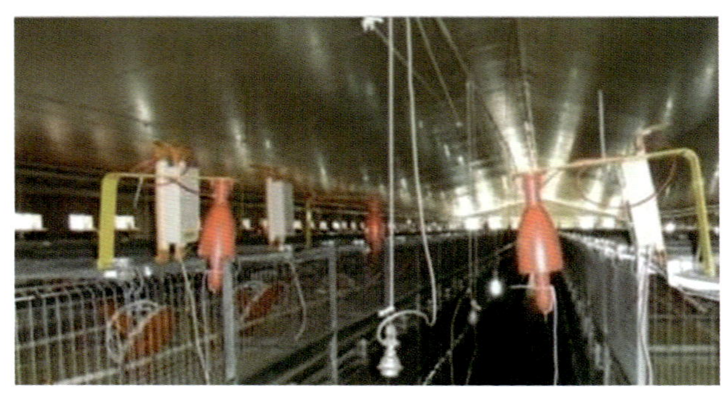

图 1－2－4　空气电净化系统

(6)粪污处理设施

网床下方为集粪池,距网床 60～160 厘米(以方便操作为准),鸭粪顺着底网的栅格状结构漏到集粪池,每批次(6 周左右)鸭出栏后集中清理 1 次,视条件也可以安装自动清粪装置(见图 1－2－5、图 1－2－6)。鸭场所产生的粪污等废弃物须有固定的存放场所,并做到防雨、防渗、防溢。其处理应符合污水综合排放标准(GB 8978—1996)和畜禽养殖业污染排放标准(GB 18596—2001)的有关规定。

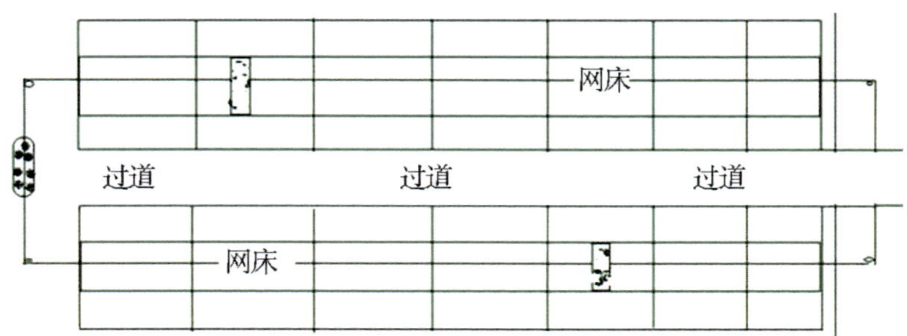

图 1－2－5　双列式鸭舍自动刮粪平面图

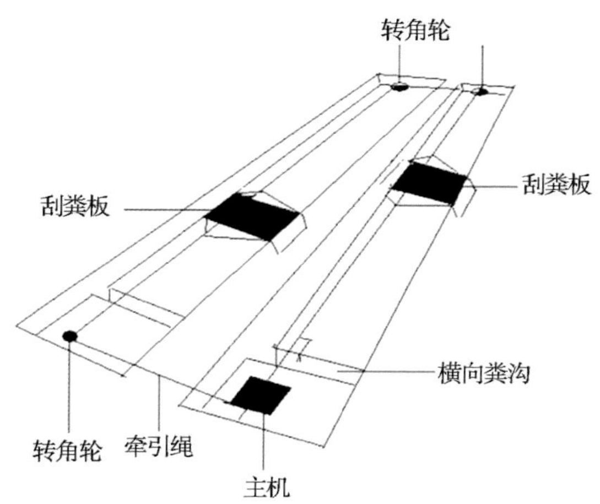

图 1－2－6　双列式鸭舍刮粪结构图

（7）其他设施

场区内除设有外源性电源外，还应准备应急发电机设备以及与生产相适应的消毒设施、洗浴室、更衣室、兽医室及病死鸭无害化处理场所。

2. 饲养管理

（1）温度与湿度

1～3 日龄 31～33℃；4～7 日龄 28～30℃；以后每周下降 1～2℃，至 3 周龄。冬季育雏时，至 4 周龄育雏室温度应保持在 24～26℃。育雏室湿度保持在 60%～65%。

（2）光照

整个饲养周期的光照时间和强度逐渐减少。

1～3 日龄，全天 24 小时光照，光照强度要达到 10～15 勒克斯；4～7 日龄，23 小时光照，光照强度要达到 10～15 勒克斯；8 日龄以后，逐渐减少人工光照至全利用自然光，光照强度 5～15 勒克斯。

（3）饲养密度

0～3 日龄，40 只/米^2；

4～7 日龄，30 只/米^2；

8～14 日龄，20 只/米^2；

15～21 日龄，15 只/米^2。

（4）免疫程序

肉鸭由于饲养周期短，免疫程序相对简单。1 日龄，颈部皮下注射病毒性肝炎疫苗；7 日龄，肌肉注射大肠杆菌－传染性浆膜炎二联苗；10 日龄肌肉注射禽流感疫苗。

（二）适用范围

1. 规模化肉鸭养殖

2. 适宜品种

在江西省目前饲养的北京鸭、樱桃谷鸭以及番鸭、半番鸭均适宜网上养殖。

（三）优缺点

1. 优点

（1）全程网床饲养，鸭只同粪便隔离，减少了从粪便中感染疾病的可能，提高成活率；

（2）管理方便，易于实行全进全出，提高生产率；

（3）提高肉鸭品质，肉鸭均匀性好；

（4）减少环境污染，粪便实行干清粪工艺，减少污水排放。

2. 缺点

（1）建设成本较高；

（2）冬季保温防寒较地面平养困难；

（3）容易发生啄癖，对鸭羽毛的生长及品质会造成一定的影响。

（四）典型案例

1. 基地简介

渝水区人和乡蒋家村的新余市辉达农业科技有限公司旱鸭养殖基地，2011 年创建，投入资金 1500 余万元，建有 6 栋共 4800 平方米的标准鸭舍，每栋鸭舍 800 平方米（100 米 ×8 米）。舍内采用双列式布局，网床下面安装自动刮粪设备。

公司采取“公司 + 合作社 + 农户”的产业化经营模式，年出栏肉鸭规模可达 300 万羽。

2. 主要技术单元现场图（见图 1 -2 -7、图 1 -2 -8、图 1 -2 -9、图 1 -2 -10）

图 1 -2 -7　肉鸭网上平养标准化栏舍

图 1 -2 -8　自动刮粪设施

图1-2-9　粪污储存池

图1-2-10　粪污及废弃物发酵处理

二、蛋鸭笼养技术

(一)技术要点

1. 设施设备

(1)栏舍结构

栏舍坐北朝南,墙体一般为封闭式或半封闭式砖混或钢架结构,屋顶加盖保温隔热层,天花板做防水处理,地面平整并用水泥硬化。前后墙体开窗，以 8 米 ×100 米的鸭舍为例，前后墙体每隔 0.8 米可设置一窗口，窗口大小为 1.2 米 ×1.2 米，窗台高约 0.8 米。

(2)笼具及料槽

单笼规格为 32 厘米 ×34 厘米 ×38 厘米，底网孔为 1.5 厘米 ×1.5 厘米，底网前低后高，坡度为 5°，使鸭蛋能顺利滚入集蛋槽，笼壁材料应光滑，底网材料应采用有弹性、耐腐蚀的锌塑料。集蛋槽由笼子底部以一定坡度向前延伸 15 ~20 厘米，集蛋槽前端高为 5 厘米。一个笼具单元可由 6 个单笼组成，采用阶梯式分 2 ~3 层排放于支架上。除顶层外笼具后方斜面上设置承粪板，承粪板应光滑易冲刷。料槽用 U 型塑料料槽，料槽前端应加高 5 ~10 厘米，或用半圆形料槽，框架用角铁焊接牢固。

(3)自动喂料系统

根据舍内布局安装适合的自动化喂料系统，自动化喂料系统由机架、料箱、控制电箱、输送绞龙、链条、行走轨道、电机等部件组成。

(4)饮水器

采用乳头式饮水器，每个笼子顶部前端位置安装一个饮水器，各水线前端设置加药箱。

(5)环境控制系统

舍内一般采用负压通风，安装风机、水帘、节能灯、光照定时开关等设施。

(6)自动集蛋系统

根据鸭笼层数，每列鸭笼配套安装一套自动集蛋系统。自动集蛋系统由导入装置、拾蛋装置、导出装置、缓冲装置、输送装置、扣链齿轮、升降链条等组成。

(7)粪污处理设施

为便于粪便污水的清理，笼具下面设置集粪池，用水泥硬化，深约 19 厘米，宽为 200 厘米，且有一定坡度，可安装自动清粪装置。此外,鸭场所产生的粪污等废弃物须有固定的存放场所,建有沉淀池、氧化塘等,并做到防雨、防渗、防溢。固体粪污集中收集后,通过堆积发酵,制成有机肥进行资源化利用;养殖废水经厌氧处理、过滤、N 级沉淀后再进行资源化利用。

(8)其他设施

场区内除设有外源性电源外,还应备有应急发电设备,养殖场设有与生产相适应的消毒设施、饲料仓库、蛋库、洗浴室、更衣室、兽医室及病死尸体无害化处理场所。

2. 饲养管理

(1)阶段饲养

蛋鸭笼养可分 3 个阶段:育雏、育成和产蛋,各阶段饲喂符合蛋鸭营养需要的全价配合饲料。

(2)适龄开产

采取分群挑选、限制饲喂、光照控制等方式使蛋鸭适龄开产。人工补光一般在 90 日龄开始,以每周递增 15 分钟的方式补充光照,直至日光照时间 16 小时,并维持稳定。

(3)严防应激

为减小上笼应激对产蛋的影响,一般在开产前 2 周完成上笼。

育成阶段采用自动乳头饮水,保证上笼前 90% 的鸭子学会使用自动乳头饮水,上笼后对仍然不会饮水的鸭子进行调教,将饮水器调至滴水状态,鸭子知道水源位置后便会开始饮水;上笼前、后 3 天需在饮水中添加电解多维,以减小上笼应激;上笼前完成鸭瘟、禽流感等免疫,上笼后一般不再进行免疫。

(4)消毒防疫

每天清理 1 ~2 次粪污。定期进行带鸭消毒,一般每周喷雾消毒 1 ~2 次。消毒剂应选择两种及以上交替使用。定期对料槽、饮水器、推车等进行清洗消毒,根据蛋鸭笼养特点制定科学免疫程序

（推荐免疫程序如表1-2-1）。

表1-2-1 笼养蛋鸭推荐免疫程序

日龄（天）	疫苗	接种方法	剂量
1	病毒性肝炎	皮下	1头份
10~14	禽流感	皮下	0.3毫升
20	鸭瘟	皮下或肌肉	1头份
35~40	禽流感	皮下	0.5~0.7毫升
60~65	鸭瘟	肌肉	1~2头份
80~83	禽流感	皮下	1毫升

（二）适用范围

规模化蛋鸭养殖场。

（三）优缺点

1. 优点

（1）节约土地资源、生产成本等，能提高生产效率及蛋品洁净程度；

（2）与传统放养相比，疫病防控能力大幅提升；

（3）减少用水量及污水产生量，且污染可控，可实现安全高效生产，健康生态养殖；

2. 缺点

（1）建设成本较高；

（2）饲养管理要求较高，易引发应激反应，影响产蛋率。

（四）典型案例

1. 基地简介

江西鸭之星农业开发有限公司成立于2008年，公司注册资金1125万元，主要从事种蛋鸭养殖、蛋鸭笼养技术研究以及大棚蔬菜种植等，是江西省一级种鸭场、南昌市市级龙头企业。公司在安义县万埠镇青湖村，栏舍结构为钢架大棚，长 70 米，跨度 12 米，笼养面积 3360 平方米，养殖蛋鸭近 3 万羽。

2. 主要技术单元现场图（见图 1－2－11、图 1－2－12、图 1－2－13、图 1－2－14、图 1－2－15、图 1－2－16、图 1－2－17、图 1－2－18、图 1－2－19）

图 1－2－11　笼养蛋鸭

图 1－2－12　蛋鸭笼养标准化栏舍

图 1－2－13　乳头式自动饮水装置

图 1－2－14　承粪板

图 1－2－15 降温水帘

图 1－2－16 自动集蛋系统

图 1－2－17　自动清粪系统

图 1－2－18　鸭粪储存池

图 1－2－19　不同养殖方式蛋品洁净度对比

3. 效益分析

(1)经济效益

笼养蛋鸭人工授精率达 95% 以上,高峰期产蛋率可达 97% 以上,85% 以上产蛋率可维持 160 天以上;产蛋期平均料蛋比(2.8 ~ 3.0):1。以养殖 30000 羽蛋鸭为例,一个产蛋周期产蛋 550 吨左右,产值 600 余万元,每羽蛋鸭赢利 50 元以上。

(2)社会生态效益

笼养蛋鸭改变了江西省“一棚鸭一口塘”的传统养鸭模式,有助于突破制约江西省水禽规模化发展的瓶颈,实现优质高效可持续发展。该技术不再需要大量水面,使水禽养殖的用水量大幅减少,且产生的污水可进行资源化利用,水污染得到有效控制。据测算,笼养蛋鸭日均用水量仅 500 ~ 800 毫升,节水减排效果明显;笼养蛋鸭不与外界接触,避免了与候鸟等飞禽之间的疫病传播,疫病防控能力显著提升;笼养蛋鸭设施化水平高,降低了养殖人员的劳动强度,生产效率明显提高。

三、种鸭戏水池养殖技术

（一）技术要点

1. 设施设备

（1）栏舍架构

栏舍坐北朝南，一般为跨度 8 米，檐高 3 米，长 80 ~ 100 米，为封闭式砖混或钢架结构，屋顶加盖保温隔热层，天花板做防水处理，地面平整并用水泥硬化。前后墙体开窗。前墙每隔 10 米留 0.5 米 ×0.5 米出口，以坡道连接运动场，前后墙每隔 2 米设置一窗口，离地 0.6 ~0.8 米，窗口大小为 1.5 米 ×1.6 米。

（2）舍内分区

舍内按面积 1∶3 分为产蛋区和活动区，中间用网隔开。产蛋区安装产蛋箱，并铺垫稻草锯末等；活动区架设网床。网面可用塑料网、镀锌钢丝网等，网孔直径 2 ~ 3 厘米要求离地 30 ~ 40 厘米；周边设 40 ~ 50 厘米高围网，网上每隔 10 米设置 40 厘米高隔离网将其分成若干小栏。

（3）集粪池

网床下面设集粪池，具有一定坡度，深约 20 厘米，宽约 2.5 米，以可安装自动刮粪板为宜。

（4）喂料及饮水

料线设置在网床中间，采用螺旋弹簧式或索盘式自动喂料系统，喂料区网面设置 80 厘米宽垫片，防止饲料浪费。水线安装在网床区靠运动场侧，饮水采取吊塔式或乳头式自动饮水系统，高 30 ~ 40 厘米，饮水区网下地面用水泥墙与舍内落粪区隔开，饮水区余水通过暗沟排出舍外。

（5）环境控制系统

栏舍安装风扇、水帘及光照控制等设施，舍外水帘下面砌筑水泥池，用于水帘水循环。见图 1－2－20。

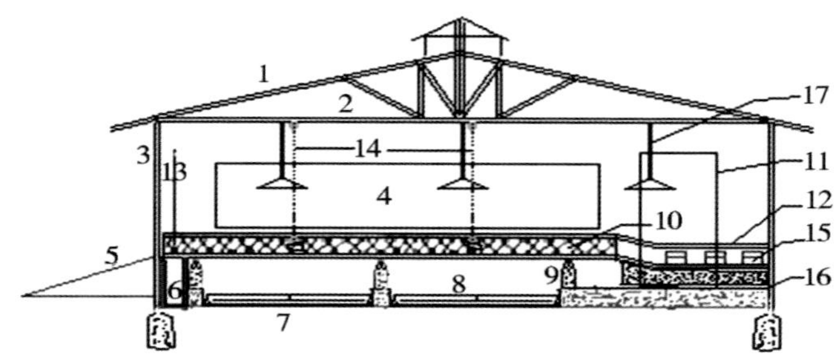

1. 屋顶　2. 横梁钢架结构　3. 砖混墙体　4. 水帘　5. 坡道　6. 饮水区暗沟及隔离墙　7. 集粪池　8. 刮粪板　9. 网床支撑柱　10. 网床及围网　11. 门　12. 产蛋区　13. 水线　14. 料线　15. 产蛋箱　16. 水泥地面　17. 照明灯

图 1－2－20　鸭舍平面图

（6）运动场及戏水池

运动场面积为鸭舍面积的 1.5～2.0 倍，要求地面平整硬化，略向戏水池倾斜，防止积水。屋檐下运动场上设自动饮水系统，饮水区地面设暗沟并铺设漏缝地板，收集屋面雨水及饮水余水。

紧接陆上运动场用水泥修建戏水池，其长度与鸭舍长度相当或适当缩短，深 30～40 厘米，宽 2.0～2.5 米，边沿略高出运动场；靠运动场侧设置斜面，便于种鸭下水与上岸；戏水池由多个戏水小池并排建设，互不串联，设置净水沟、污水沟，便于换水。

运动场与戏水池连接处设置宽 20 厘米、深 20 厘米引流槽，上面铺设漏缝地板，以 10°斜面连接运动场与戏水池边沿，防止运动场污水进入戏水池。

(7)围栏

设置围栏,将鸭舍、戏水池和运动场围成一体,戏水小池和鸭舍小间相对应分隔,便于管理。

(8)粪污处理

场内建设沉淀池、氧化塘、粪污储存池等设施,做防雨、防渗、防溢处理。对舍内粪污、运动场粪污、戏水池污水分开处理。固体粪污经堆积发酵后制成有机肥;戏水池污水经厌氧发酵、过滤、N级沉淀后资源化利用。

(9)其他设施

场内设有饲料仓库、储蛋室、孵化室、兽医室、备用电源、种蛋消毒室、人员消毒室、车辆消毒池等生产配套设施。

2. 饲养管理

(1)密度合理

第1~2周:25~35羽/米^2;

第3~4周:15~25羽/米^2;

第5~8周:12~15羽/米^2;

第9~12周:8~12羽/米^2;

产蛋期:6~8羽/米^2,公母比例为1:(20~25)。

(2)光照控制

白天自然光照为主,夜间微光照明。种鸭80~90日龄开始人工补光,补光强度以3瓦/米^{2}为宜,以每周15分钟的方式渐进增加光照时间,直至增加到每天16~17小时为止,并固定下来;调整灯炮的高度,使室内采光均匀;阴雨天气白天舍内也应补光。

(3)温湿度控制

舍内温湿度维持相对稳定,湿度一般在50%~70%,温度一般在10~30℃。高温季节加强通风和防暑降温,环境温度超过

31℃时开启水帘及其水循环系统进行降温，维持舍内温度不高于31℃，运动场搭建遮阳棚，注意饮水水温；寒冷季节注意防寒保温，夜间关好门窗，严防贼风。

(4)调教训练

制定合理生产流程，各生产环节应固定不变，定时开放运动场、戏水池、产蛋区，使之形成习惯。

(5)卫生管理

洗浴用水可采用地下水，地下水水质须符合《无公害食品　畜禽饮用水水质》(NY 5027—2008)的要求；定期更换池水，对水池进行清理消毒，保持戏水池干净卫生，一般夏天每周更换2~3次，冬天每周更换1~2次；废水则通过污水管进入污水处理设施；夏天注意戏水池水温不宜过高；阴雨天气应将鸭子留在舍内或运动场，避免鸭子下水。每周清理1~3次舍内粪便，每天清理1次运动场。

(6)消毒防疫

出入人员、车辆严格消毒；鸭舍进鸭前1周熏蒸消毒；进鸭后定期使用不同消毒剂进行带鸭消毒，定期对饲养设备和用具进行清洗消毒。开产前2周完成所有免疫程序，可参考以下免疫程序进行免疫接种。

表1-2-2　种鸭免疫程序

日龄(天)	疫苗	接种方法	剂量
1	病毒性肝炎	皮下	1头份
10~14	禽流感	皮下	0.3毫升
20	鸭瘟	皮下或肌肉	1头份
35~40	禽流感	皮下	0.5~0.7毫升

续表

日龄(天)	疫苗	接种方法	剂量
60～65	鸭瘟	肌肉	1～2 头份
开产前 2 周	禽流感	皮下	1 毫升
开产前 2 周	病毒性肝炎	皮下	2 头份

(二)适用范围

规模化种鸭场,适用于山麻鸭、绍鸭、金定鸭等江西省养殖的小型蛋用品种。

(三)优缺点

1. 优点

(1)与传统散养相比,种蛋干净卫生,粪污可集中处理,有效减少对外来水源污染,有效提高疾病防控能力,降低种鸭死淘率;

(2)种蛋受精率、孵化率及健雏率较高。

2. 缺点

(1)与笼养相比,占地面积大,土地利用率低,人工成本高;

(2)与传统散养相比,建设成本较高。

(四)典型案例

1. 基地简介

江西天韵农业开发有限公司成立于 2009 年 5 月,注册资金 520 万元,位于南昌小蓝经济开发区,是一家集水禽良种繁育、生产、加工和销售为一体的民营企业,拥有无公害蔬菜种植基地、商品蛋鸭养殖基地、水禽良种繁育场和蔬菜加工场等多个示范种养基地(场)。该公司种鸭基地占地 115 亩,建筑面积 8500 平方米,有种鸭 15000 套,年向社会提供优质种鸭苗近 180 万羽。

2. 主要技术单元现场图(见图 1 – 2 – 21、图 1 – 2 – 22、图 1 – 2 – 23 图 1 – 2 – 24、图 1 – 2 – 25、图 1 – 2 – 26)

图 1 – 2 – 21　舍内垫料模式

图 1 – 2 – 22　舍内塑料网床模式

图 1-2-23　乳头式自动饮水

图 1-2-24　雨污分离(净水沟)

3. 效益分析

(1)经济效益

项目投资 520 万元,养殖种鸭 15000 套,年供种苗 180 万羽,优质鸭蛋 180 吨,按市场价(鸭苗 3.2 元/羽,鸭蛋 1 万元/吨)计算,年产值 750 余万元,经济效益明显。

图 1-2-25 遮阳棚架及暗沟引流漏缝板

图 1-2-26 戏水池斜面

(2)社会生态效益

该技术采用了网床加戏水池结合模式，采用净污分流技术使净水不进入粪污，可大幅降低固体粪污的含水量及资源化利用难度，便于舍内及运动场固体粪污与戏水池污水分开利用，前端减排效果显著，与“一棚鸭一口塘”的传统养鸭模式相比，节水减排效果明显。

第三节　种养结合模式

种养结合是种植业和养殖业相互结合的一种生态循环模式。种养结合模式中养殖场(小区)通常采用干清粪工艺,生产废水进行厌氧发酵或多级氧化塘处理后,就近应用于蔬菜、果园、茶园、林木、大田作物等生产。固体粪便经过堆肥后就近或异地用于农田,促进粪便就地还田,充分利用资源,土地配套、种养平衡。

一、技术要点

建场初期要考虑养殖规模和场区周边有无与养殖规模相适应的土地消纳畜禽粪便,要与种植业布局相衔接。在实施种养结合生态循环模式发展中,把"相对集中、适度分散、科学规划、合理布局"的选址原则,"适度规模、容量化消纳"规模建场原则,"干湿分离、雨污分流"减量化排放原则,"种养结合、生态还田"资源化利用原则,作为发展种养结合生态循环模式的基本行为准则,使上一环节的废弃物作为下一环节的资源,实现种养优势互补和良性生态循环,促进养殖业发展和环境保护相和谐。

畜禽养殖场粪便经固液分离后,废水直接进入规范配套设计建设的储液池或经厌氧发酵进入储液池,满足使用要求还田利用;固体粪便经过堆积发酵后还田利用。种养结合的模式要综合考虑养殖种类、养殖规模、群体结构、养殖形式、清粪方式以及耕作种植种类。粪便要有足够的储存空间,周边有足够的土地消纳。

二、适用范围

猪、牛、禽等畜禽养殖场(户),远离城镇,土地资源丰富。

三、优缺点

1. 优点

(1)实现了养殖排泄物的综合利用，较好地改良土壤和为农作物提供养分，实现养殖废弃物资源化；

(2)大大降低养殖废弃物的处理成本，缓解环保压力。

2. 缺点

需有足够土地来消纳养殖场粪便，特别是蔬菜、果园、茶园、林木、大田作物等种植区域。

四、典型案例

选择具有代表性的“猪—沼—菜”“猪—沼—苗木”“猪—沼—果 + 草”猪场粪污处理模式，对其实际应用情况进行具体介绍。

(一)“猪—沼—菜”模式

1. 基地简介

江西乐平金园牧业有限责任公司年产商品猪 3 万头。公司分 3 处共建厌氧发酵池 3500 立方米，粪污处理投资总额为 465 万元。公司经过 10 余年的探索，综合利用沼液种植水芹菜 400 亩，实现“猪—沼—菜”生态农业循环经。以生猪为基础，以沼液为纽带，发展绿色蔬菜生产，生态农业循环，沼液经厌氧发酵(ABR)和氧化塘处理后经沟渠排到水芹菜种植田用于灌溉水芹菜。水田采取水稻和水芹菜轮作方式，即 4—9 月种植水稻，10 月至次年 3 月种植水芹菜。

2. 工艺流程图(见图 1 – 3 – 1)

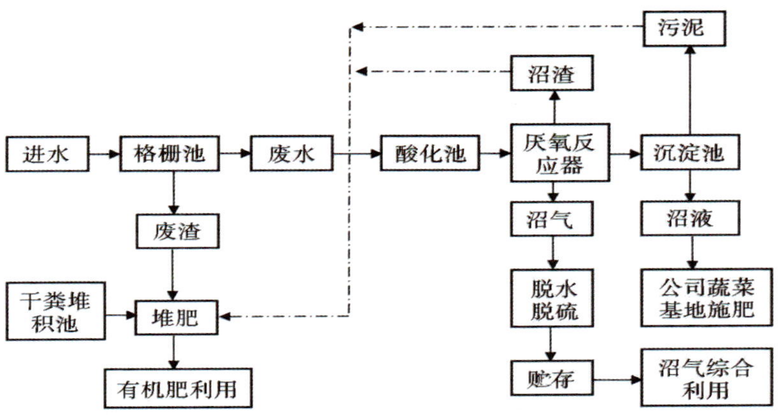

图 1 – 3 – 1　“猪—沼—菜”模式

3. 主要技术单元现场图(见图 1 – 3 – 2、图 1 – 3 – 3)

图 1 – 3 – 2　格栅池、酸化池、厌氧反应器、氧化塘

图 1-3-3　沼液种植水芹菜基地

4. 效益分析

水芹菜在9—10月进行移栽，年前收获第一茬，亩产量约3000千克，平均售价5元/千克，收益约1.5万元。3—5月收获第二茬，平均产量约4000千克，平均售价2元/千克，收益约0.8万元。每户农户种植3亩水芹菜，年收入可达7万余元。

（二）"猪—沼—苗木"模式

1. 基地简介

万安县青稿塘养殖场位于万安县窑头镇坪头村，该场存栏基础母猪500头，占地面积1500亩，其中猪场占地100亩，名贵苗木基地占地300亩,高产油茶基地占地1100亩。该场建有厌氧发酵池1200立方米(其中折流式反应器和升流式反应器各600立方米),储气柜270立方米,沼液储存池400立方米,干粪棚200平方米,氧化塘15000平方米等设施,配备了50千瓦的沼气发电机组。该场采取"猪—沼—苗木"种养结合的生态养殖模式,实现废物综合利用。粪尿等污水通过专门的排污管道进入污水处理系统。采用干清粪工艺和粪尿污水集中池经过固液分离除渣后,固形物运至粪便发酵车间,废水进行厌氧发酵处理,其产生的沼气通过收集后储存在储气柜经脱硫后,用于生活和发电等,产生的沼液在沼液暂存池储存后,及时用高压污水泵泵至隔壁苗木基地山顶450立方米沼液储存池,兑水后,用于花卉苗木的浇灌,实现资源化利用。

2. 工艺流程图(见图1-3-4)

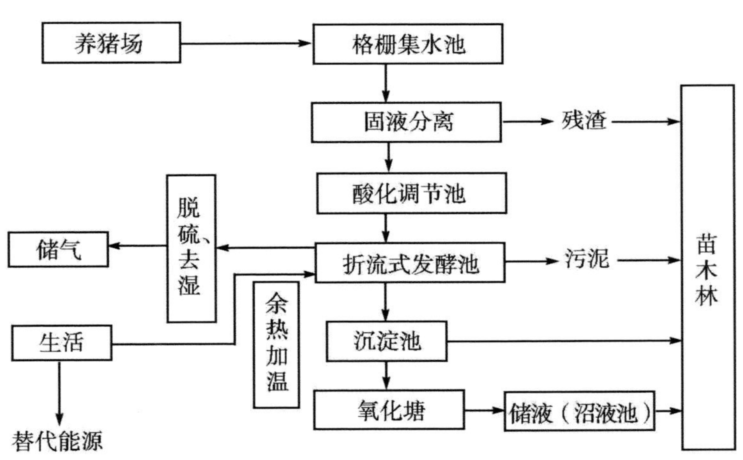

图1-3-4　"猪—沼—苗木"模式

3. 主要技术单元现场图(见图1－3－5、图1－3－6、图1－3－7、图1－3－8、图1－3－9、图1－3－10、图1－3－11)

图1－3－5　固液分离系统

图1－3－6　升流式发酵池与储气柜

图 1 －3 －7　折流式发酵池

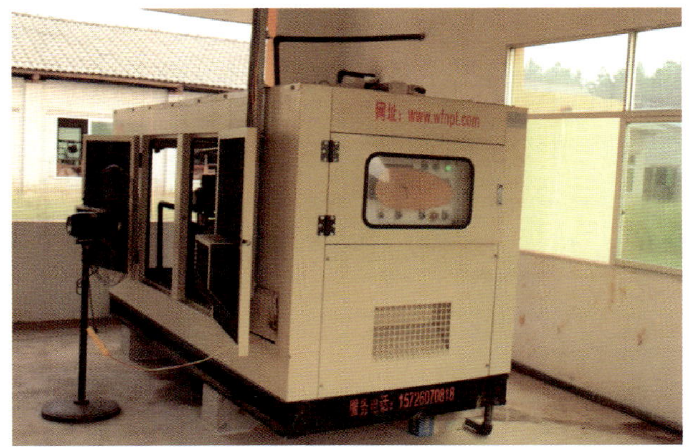

图 1 －3 －8　发电机组

图 1－3－9　储液池

图 1－3－10　沼液管线和沼液施肥

图 1－3－11　基地全貌

4. 效益分析

该猪场粪污处理系统投资 202 万元，年沼气发电和替代生活能源收益 6 万元，年产沼液 1.2 万吨、沼渣有机肥 800 吨，替代和节约肥料 46 万元，年运行成本（包括折旧费、维修和管理费）12 万元。此外，该模式生态效益显著，年产沼渣 800 吨，沼液 1.2 万吨，相当于 160 吨有机质、64 吨腐殖质、11.3 吨全氮、7.3 吨全磷、13.1 吨全钾优质有机肥，有利促进农业生态平衡，发展农业循环经济，生态效益显著。

（三）“猪—沼—果＋草”模式

1. 基地简介

江西绿丰生态农业园有限公司猪场养殖区占地面积 120 亩，现拥有 800 头生产母猪、1200 亩的果园、200 亩水面的水产养殖，年提供种猪和商品猪 16000 头的综合种养基地。2013 年建成 1600 立方米混合型大型厌氧发酵罐和 16000 立方米集污池等养殖污染治理工程项目；2014 年建成 1200 亩果园沼液喷灌管网，沼液喷灌果园抗旱和施肥,实现生猪养殖粪污资源循环利用;2014 年建成并投入使用日处理量 150 吨“间歇 A/O + MBR”膜生物反应器污水处理站 1 座,建有 3000 立方米污水曝氧池及配套设施,对无法消纳的沼液进行深度处理后达标排放;2015 年完成对 18000 平方米猪栏屋面翻新改造和雨污分流;建成干粪堆积发酵间 3 处,干清粪发酵处理后进果园作有机肥料。

2. 工艺流程图(见图 1 -3 -12)

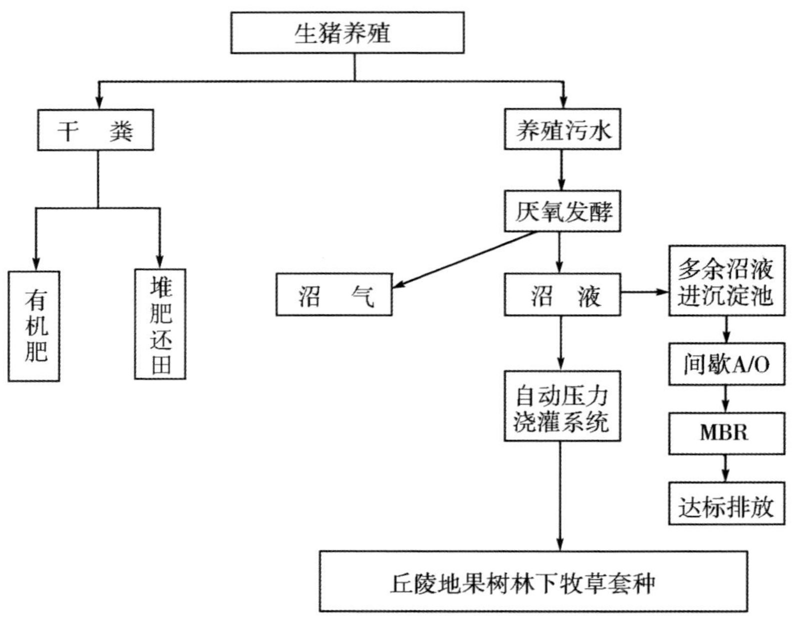

图 1 -3 -12 “猪—沼—果 + 草”模式

3. 主要技术单元现场图(见图 1 - 3 - 13、图 1 - 3 - 14、图 1 - 3 - 15、图 1 - 3 - 16)

图 1 - 3 - 13　厌氧发酵罐

图 1 - 3 - 14　沼液管道预留口

图 1－3－15　田间沼液储存池

图 1－3－16　果树林下套种牧草

4. 效益分析

猪场养殖污染治理及废弃物综合利用工程基本投资共计 650 万元,年运行成本约 60 万元,折旧成本 65 万元。基地使用沼液种植果树和牧草,年施用量 3 万吨。果园基地使用沼液,每年每亩节约化肥约 200 元,1200 亩果园一年节约肥料 24 万元。果树 1200 亩,每亩增效 1500 元;牧草 800 亩,每亩牧草养鱼或出售增效 2000 元。每年采用“猪—沼—果园＋牧草”种养模式产生的效益共 239 万元。

第二章 粪便资源化处理技术

第一节 异位发酵床处理技术

异位发酵床技术是针对原位发酵床而言，指畜禽不直接接触基料，在畜舍外建设基料发酵舍，基料铺在发酵舍内，通过加入适宜的微生物菌种，粪污进行充分发酵，将粪污中的粗蛋白质、粗脂肪、残余淀粉、尿素等有机物质进行降解或分解成氧气、二氧化碳、水、腐基质等，同时产生热量，中心发酵层温度可达55℃以上，通过翻抛，水分蒸发，留下少量的残渣变成有机肥。

一、技术要点

（一）设计规模

以生猪为例，面积计算按每头存栏生猪0.33立方米的发酵基料，计算异位发酵床的规模。如养殖1000头存栏生猪，需用330立方米的发酵基料。

（二）主要设施设备

异位发酵床建造组成主要包括集污池、异位发酵池及阳光棚或钢构棚等。专用设施设备包括抽污水泵、搅拌机、自动喷淋机、槽式翻抛机和变轨移位机等。发酵床一般采用下位槽式，从地面深挖1.6米砌水泥槽，槽的宽度与翻堆机匹配，一般采用4米宽，多条发酵槽组成发酵床，上面搭盖遮阳棚或钢构棚，防雨，墙体采用矮墙，保证通风，池底用水泥硬化，以防渗漏。

（三）发酵基料的选择

发酵基料的选择比较宽泛，可选用谷壳、木屑、椰子壳粉、花生壳粉等，需要注意的是，选择微生物发酵床养猪发酵基料时，腐烂、霉变或使用过化学防腐物质的原料不能使用。目前多采用以谷壳、木屑为原料，两者的重量比为4:6；混合铺平成发酵床。将发酵基料原料、菌种和辅料等搅拌混匀，在搅拌过程中根据原料的湿度适当喷洒洁净水，基料湿度要求达到40%～60%。感官标准为用手握紧基料略成团而指缝无渗水，松开后感觉蓬松，抖落基料后手心感觉有潮湿但无水珠。

（四）发酵菌的选择

在菌种选择上分为商业菌种和土著菌种。

1. 商业菌种

建议初次使用该技术的规模猪场以及广大中小养猪场（户），最好选择效果确实的专业单位制作的成品菌种。在选购成品菌种时需注意以下几点：

（1）选择正规单位生产的菌种。养殖场（户）在选购基料发酵菌种时，注意选用正规单位生产的、发酵功能强、发酵速度快、性价比高的成品菌种。

（2）发酵菌种包装要规范。一般正规单位生产的成品菌种包装印刷都比较规范，有详细的产品使用说明或技术手册，有主要成分介绍，有生产单位名称和服务联系电话。

（3）发酵菌种要色纯味正。成品发酵菌种应是经过纯化处理的多种微生物的复合物，并非单一菌种。要求颜色纯正，无异味。

(4)注重使用效果。养殖场(户)在选用成品发酵菌种时,一定要多方了解,选择适宜当地养猪的菌种,多与已经使用该菌种的养殖场户交流,确认其使用效果。

2. 土著菌种

土著菌种一般由几种有益菌组合而成,包含分解蛋白质的丝状真菌、降氮除臭的芽孢杆菌、固定碳素的光合细菌、抑制病害的放线菌、分解糖类的酵母菌、在厌氧状态下有效分解的乳酸菌等。选择菌种的代次越低越好,菌种代次越高,其传代次数越多,产生变异的概率也就越高,发生退化的概率也越高,分解除臭的能力就越差。这也是发酵床要定期补充菌种的重要原因之一。

土著菌的成分非常复杂,经有关专家分离结果显示主要为酵母菌、芽孢杆菌等有益菌。一般土著菌的采集应针对拟使用的发酵基料原料,不同地区的相同类型的发酵基料在土著菌组成和发酵效果上可能存在差异。因此,在发酵基料的生产地或附近采集的土著菌可能有更好的发酵效果。采集地点最好选择高山或污染较少的地方,除在寒冬等特殊情况下一般不采取舍内模拟采集菌种法。切忌使用已经生长有黄曲霉、赭曲霉等有害霉菌的秸秆茬、原料等采集制作菌种原种。

(五)发酵床的制作与维护

1. 发酵床的制作。在发酵床中将基料原料(锯末、谷壳、菌液及清洁水、麦麸或米糠)充分混合均匀。基料铺设厚度 350 ~ 450 毫米,发酵床需基料 3 ~ 5 包(饲料袋包装)/米^2。发酵基料的制作主要分为分层基料制作和混合基料制作两种模式。

(1)分层基料制作模式

将不同发酵基料按照先后顺序铺设,每一层均匀撒一定量的发酵基料(锯末、稻壳、树叶等)、菌种(按其使用说明添加麸皮或玉米粉等稀释,一般是菌剂的 5 ~ 10 倍)混合物,达到预定厚度后即可。该模式操作简单,所需劳力少,但易出现发酵效率不稳定、菌种需求量大等现象。

(2)混合基料制作模式

将菌种和辅料(麸皮或玉米粉等,占发酵基料的 2% ~3%)混合均匀,发酵基料湿度为 40% ~60% 。正常情况下,发酵基料发酵 6 天后,发酵基料中心温度可上升到 50 ~70℃时,即可摊开厚 35 ~40 厘米发酵床使用。该模式菌种用量少,发酵效果好,但由于需要全面翻动,劳动强度大。

2. 发酵床的维护

发酵床维护的目的是保持发酵床正常的菌群平衡,始终让降解粪便的微生物处于高效运行状态。

(1)粪尿添加

每隔 3 ~5 天加入 1 次猪粪尿,使用人工或机械的方式将粪尿均匀地撒入发酵床中,不得将粪尿集中堆积在发酵床的某一区域,要与发酵基料混合均匀,这样发酵床中的微生物区系才能在较短的时间内将粪尿消化分解彻底。

(2)水分调节

如果发现发酵基料过于湿润,可增加基料翻耕次数,或及时补充新鲜干燥基料,以便通过蒸发、稀释等手段降低水分含量。如果发现发酵基料过干,可喷洒一定量的猪粪尿。

(3)基料翻耙

保持发酵基料适当的通透性、获得足够的氧气是保证发酵效果关键因素之一。通常使用自动翻耙机(见图 2 -1 -1)或微耕机进行翻耙,每天至少翻耙 1 次,深度能达到 25 厘米左右,每隔一段时间(50～60 天)要彻底翻动 1 次,并且将发酵基料层上下混合均匀。

图 2－1－1　翻耙机

(4)补充发酵基料

发酵床在发酵分解猪粪便的同时,发酵基料也不断消耗,及时补充基料是保持发酵床功能稳定的重要措施。根据发酵床粪便分解状态补充基料,一般每隔 3～4 个月补充原发酵基料的 10% 左右即可。补充发酵基料的质量配比要与首次铺设发酵基料时的标准一致,新料要与原发酵床基料混合均匀,并调节至适宜的水分。

(5)更换发酵基料

更换发酵基料的原则是在发酵基料分解粪尿活力明显下降时进行更换,如明显感觉到粪便的分解消失情况不如以前,发酵床臭味比较大了,及时补充菌种,进行翻挖基料,也无法改善这种状况,则有必要进行发酵基料的更换了。“锯末 + 稻壳”的发酵基料制作的发酵床,只要维护管理良好,使用年限可达 3 年左右。

二、适用范围

适合中小规模商品猪场，按照传统养猪方式，无须改造或拆建猪场，根据养殖规模进行建设。

三、优缺点

1. 优点

（1）猪粪尿可较长时间存留在发酵床内，不向猪场外排放粪污；

（2）利用发酵基料自身的吸附作用，减轻了粪便中游离的有害气体向空气中释放，从而达到猪场粪尿的“零排放”，实现了养猪发展和环境保护的协调统一，具有良好的生态和社会效益。

2. 缺点

发酵基料原料、菌种的选择及发酵基料的维护，需专业技术人员的细心维护管理，否则容易造成死床。

四、典型案例

1. 基地简介

乐平市乐兴农业发展有限公司，企业占地面积 100 亩，母猪存栏 400 头，育肥猪存栏 4000 头，栏舍面积 4500 平方米，日排污量 40 吨，采用异位发酵床粪便资源化工艺。异位发酵床离猪舍距离约 100 米，在猪舍生产区的下风向，建筑容积为 1700 立方米。

2. 工艺流程图（见图 2－1－2）

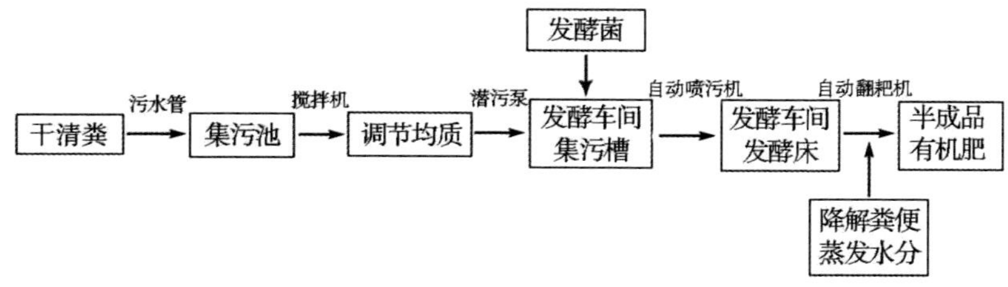

图 2－1－2　异位发酵床处理技术

3. 主要技术单元现场图(见图 2－1－3)

图 2－1－3　堆积发酵间

4. 效益分析

(1)投资成本

设计为日处理 50 吨粪污,占地面积为 1700 平方米,建设投资约 22000 元/吨(粪污),其中土建部分 11000 元,基料(谷壳、木屑)部分 4000 元、生物菌种 1440 元,设备安装 5600 元,使用寿命与土建、设备保养有关,如果排粪污标准提高,则对应增加投资和运行成本。

(2)运行成本

该场日处理 50 吨粪污,设备运行 6 小时,电费 108 元/天(按 1 千瓦时 0.6 元计算),基料补充 124 元/天(每年补充总基料的 20%),生物菌种 180 元/天(每月添加 30 克/米^{3}基料),处理费用约 8.2 元/吨。运行 2～3 年后基料可作有机肥,预计可以通过有机肥增加效益 72 万元。

第二节　土壤型微生物滤床回用技术

该技术根据短程硝化反硝化、厌氧氨氧化的原理，以筛选培养后的“生物菌胶团”为基质，依靠其超大的阳离子交换容量和微生物亲和性，形成适合多生物相菌种生存的微生态环境，高效去除废水中高浓度 COD（化学需氧量）、氨氮等有机污染物，通过紫外线消毒技术，达到废水回用目的。

一、技术要点

将“多生物相菌胶团”填料和“生物滤床多床层结构”技术紧密结合，形成高效的微生物载体单元，形成好氧、兼氧、厌氧多个床层，达到同位 COD 降解，氨氮硝化反硝化的效果。

（一）多生物相菌胶团

填料是有机质在特定环境下，长期处于好氧、兼氧、厌氧状态下循环生长，经过物理、化学和生物降解，最终形成的性质和组分相对稳定的一类土壤性疏松物质。菌胶团中微生物丰富，数量种类繁多，外观具备多相多孔隙率高和表面积大的特征，有营养物质含量高等优点。通过对菌胶团颗粒进行生物属性的高通量测序，证明菌胶团颗粒内部存在多种“种”性的微生物，包括了硝化菌和反硝化菌以及新发现的未知特殊菌种。其具体的“菌胶团”性状特征见表 2－2－1。

对“生物菌胶团”的重金属含量进行了测定、浸出毒性检验和致病性分析，经检测不具备上述表征，“生物菌胶团”本体不具备毒理性及二次污染，可应用于沼液深度处理。

表 2-2-1 菌胶团的性状特征表

容重（克/厘米^3）	水分	pH	CEC（毫克当量/100 克）	有机质%	细菌总数（个/克）
1～1.2	15%～40%	7～8	50～90	10～15	(6～8)×10^6

（二）微生物滤床

由填料、布水系统、收水系统、布气系统、自控系统和外部墙体组成，有效总高度为 2.5～3.0 米，填料/日处理畜禽废水体积比为（5～10）:1。顶部设置布水系统，均匀布水后的废水在重力作用下流经“菌胶团”填料，床体底部设置收水系统收集经处理的达标废水。布气系统通过布气管和轴流风机实现填料床的富氧。进水、出水、布气均采用 PLC（可编程式逻辑控制器）控制，实现自动化。

（三）紫外线消毒技术

养殖废水经微生物滤床处理后，废水可达到排放标准，经紫外线消毒设备，废水处理后达到回用水质标准。

二、适用范围

生物滤床与猪舍分开建设，对猪舍构造建设无特殊要求。适合于干清粪工艺的所有猪场。

三、优缺点

1. 优点

（1）该技术是沼液深度处理创新型技术，运行成本低，处理效果好；

（2）处理后的沼液可以达标排放，也可以回用。

2. 缺点

该技术为近年来一种新型废水处理技术，在江西省部分地区初期应用，长期处理效果有待观察。

四、典型案例

1. 基地简介

江西齐顺畜牧科技有限责任公司梓埠猪场建于2008年,占地面积600亩,其中猪场栏舍面积约60亩,苗木基地约500亩。该场年出栏商品猪12000头,采用干清粪工艺,日产生废水量80吨。建有厌氧发酵罐约2400立方米,黑膜厌氧发酵池4000立方米,污水经厌氧发酵后40%灌溉苗木,其余废水处理采用土壤型微生物滤床回用技术。

2. 工艺流程图(见图2-2-1)

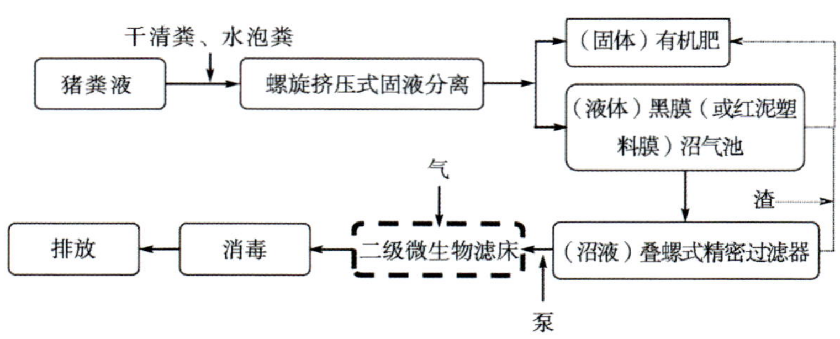

图2-2-1 土壤型微生物滤床回用技术

3. 主要技术单元现场图(见图2-2-2、图2-2-3、图2-2-4、图2-2-5)

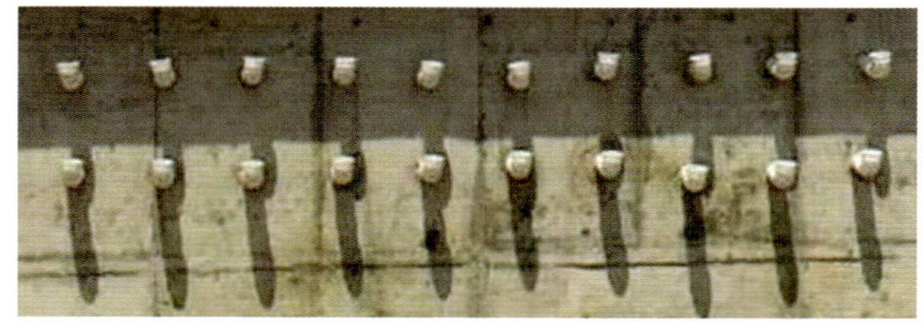

图2-2-2 系统外墙通风系统

图 2－2－3　俯视图

图 2－2－4　沼液喷洒系统

图 2－2－5　出水口

4. 效益分析

（1）脱氮效果

利用“多生物相菌胶团”填料超大的阳离子交换容量和微生物亲和性，实现物理吸附去除和生物降解去除，在进水氨氮浓度为 620 毫克/升的情况下，可保证其最后出水的氨氮浓度可达到 5.2 毫克/升，具备非常强的脱氮能力。形成稳定的微生物体系，微生物浓度比活性污泥法高出数倍，耐冲击负荷能力强，基本没有剩余污泥，能在各种情况下长期稳定达标运行，低于《畜禽养殖污染排放标准》（GB 18596—2001）限值，可用于农田灌溉、水产养殖、冲栏回用等。

经万年县环境监测站、江西省分析测试中心抽样检测：进水 COD、BOD（生化需氧量）、氨氮和 TP（总磷）分别为 940 毫克/升、92 毫克/升、620 毫克/升和 63 毫克/升，出水 COD、BOD、氨氮和

TP 分别为 23.5 毫克/升、8.4 毫克/升、5.18 毫克/升和 0.05 毫克/升,保证了出水水质达标(见图 2－2－6)。

江西省分析测试中心
检验报告

检验编号：W16-1856

检验项目	单位	标准要求	检验结果	单项判定
pH	/	/	8.14	/
化学需氧量(COD_{Cr})	mg/L	/	23.5	/
生化需氧量(BOD_5)	mg/L	/	8.4	/
氨氮(NH_3-N)	mg/L	/	5.18	/
总磷	mg/L	/	0.051	/
总大肠菌群	MPN/L	/	170	/
以下空白				

注:mg/L 为毫克/升,MPN/L 为菌数/升。

图 2－2－6　出水检测报告

(2)建设成本

建设投资约 18000 元/吨(废水),其中土建部分 3000 元,生物填料及设备安装 15000 元,占地面积 8 平方米,使用寿命与土建寿命一致。如果排水标准提高,则对应增加投资和运行成本,酌情考虑。

(3)运行成本

不需要大功率鼓风机来进行供氧,降低电耗,实现 1 吨水处理成本不超过 1 元,低于行业平均水平,具有运行成本低的优势。

第三章　固体废弃物资源化利用技术

第一节　固体粪便高值化利用技术

一、粪便轻简养殖蚯蚓技术

（一）技术要点

1. 基料制作

基料是蚯蚓栖身之所，也是蚯蚓的取食之地，要求适口性好，具有细、烂、软，无酸臭、氨气等刺激性异味，营养丰富，易消化等特点。基料原料可就地取材，搭配植物性饲料，基料原料选择和配比参照表 3－1－1 选择使用。要求去杂、碎细，稻草、秸秆、树叶等切短至 10 厘米左右，固体粪一般以猪粪或牛粪为宜。计算各种原料的碳氮比，调整碳氮比为(20～30)∶1。

表 3－1－1　基料原料选择和配比

配方	原料	比例(%)
配方一	固体粪	70
	稻草	30
配方二	固体粪	60
	米皮	40

续表

配方	原料	比例(%)
配方三	固体粪	60
	谷壳	40
配方四	固体粪	60
	甘蔗渣	40
配方五	固体粪	50
	杂木锯末	40
	谷壳	10

2. 基料发酵

使用猪粪制作基料,要求发酵腐熟。可先晒几天,减少异味,然后与其他原料混合后,堆积发酵,水分保持在60% ~70%(手抓一把基料使劲握紧,基料潮湿,但不滴水,手松开基料成团,掉地即散)。发酵堆宽1.2 ~1.5 米,高1.0 ~1.5 米,长度依量而定,自然堆积,不压实,表面覆盖未切的稻草或塑料薄膜。堆肥发酵后的7天左右进行第一次翻堆。翻堆时如发现结块应捣碎、弄细,然后重新堆积,适量喷水,同时可以均匀撒上可溶性氮素(如氨水、尿素等化肥)。以后每隔5 ~7 天翻堆1 次,翻堆2 ~3 次后即可腐熟,料温不再升高。基料呈黑褐色,质地松软,无恶臭,不黏滞,每次翻堆后用塑料薄膜密闭发酵,pH 值以6 ~8 为宜。如使用牛粪制作基料,可不发酵。

3. 场地选择

选择离养殖场较近、地势平坦、温暖、潮湿、僻静、没有污染、水源方便、土壤柔软,富含腐殖物、能灌能排、阳光充足(避免阳光直射)的地方。

4. 蚯蚓养殖床

主要有平地堆肥养殖床和架式养殖床(工厂化养殖床)。平地堆肥养殖床养殖蚯蚓要求蚯蚓养殖床宽 80～100 厘米,基料厚 20～30 厘米,两条养殖床作为一个单元,每个单元内留有 20～30 厘米宽的排水沟;两个单元之间留有 50～60 厘米宽的过道能容纳粪车。蚯蚓养殖床的表面可以采用稻草覆盖,以防干燥。工厂化养殖床一般采用 4 层木架或铁架,每层放塑料箱多只(箱长 65 厘米、宽 46 厘米、高 15 厘米),分箱饲养。每箱放入 12～13 厘米厚的腐熟基料,水分保持在 60%～70%。

5. 蚯蚓的播种

适合固体粪养殖的蚯蚓要求适应广、耐寒耐热、抗病力强,可选择使用赤子爱胜蚓(大平 2 号)。平地堆肥养殖直接将蚯蚓放入已腐熟的基料内,使其大量繁殖。也可采用蚓茧孵化的方法,即收集养殖床内的蚓茧,投放在其他的养殖床内孵化。蚯蚓的最佳养殖密度,一般成蚓以 2.5～3.0 千克/米^2,在饲养过程中,种蚓不断产出蚓茧,孵出幼蚓,而其密度会随之增大。架式养殖每箱投放种蚓 300～500 条,蚯蚓产卵后就立即分箱。养殖期间不再投料和投放种蚓,也不取粪,除洒水保湿和检查天敌的危害外无须再做其他工作。

6. 饲养管理

蚯蚓的生长温度为 5～30℃,最适生长温度为 20℃。养殖床可种植攀缘植物或搭置遮阳网等防止夏季高温,冬季应适当增加养殖床的厚度。蚯蚓孵化期水分保持在 56%～66%,生长发育期水分保持在 60%～70%。定期浇水,夏季每天要浇 2～3 次,水流量不宜太大,一定要浇透,使上下层料接上,选择早上或晚上浇。特别注意过道上不要渗出水以防止蚯蚓逃逸。蚯蚓养殖床中不能混入其他杂物,并且要经常疏松,保证空气流通和幼蚓成活。

7. 疾病防治

蚯蚓常见的疾病有细菌性疾病、真菌性疾病、病毒性疾病、生态性疾病和寄生性疾病，可通过改善环境条件和饲养条件来解决。

8. 蚯蚓的采收

通常采用诱集采收法，先在养殖床旁边铺 1 米左右宽的薄膜，将要采集的蚯蚓和基料堆积在薄膜上；用多齿耙疏松表面，根据蚯蚓的避光性，蚯蚓就会往下钻，上层基料基本上没有蚯蚓；然后将上层基料耙去，随后蚯蚓还会因为避光性再次往下钻；再次去除上层的基料。如此反复进行，塑料薄膜上剩下的就是蚯蚓。

9. 蚯蚓及蚯蚓粪利用

蚯蚓是很好的蛋白质饲料，经消毒灭菌处理后，可用作畜禽饲料、水产饲料、特种饲料、垂钓饵料等；蚯蚓粪是很好的肥料，可广泛用于种植果树、蔬菜、水稻、园林花卉等。

（二）适用范围

适用于远离城镇，养殖场地开阔，周边有农田，农副产品较丰富的大、中规模养殖场。

（三）优缺点

1. 优点

（1）无害化处理畜禽固体粪便，有效解决养殖废弃物对环境的污染；

（2）固体粪便转换成蚯蚓粪肥，变废为肥；

（3）生产蚯蚓，实现高值化利用，增加经济效益；

（4）门槛低，易推广应用。

2. 缺点

（1）需占用一定的养殖闲置土地；

（2）前期需要设施投入，同时增加劳力成本；

(3)蚯蚓活体易得寄生虫等疾病,处置不当对畜禽养殖带来一定的生物安全风险。

(四)典型案例

1. 基地简介

江西省仙姑寨牧业有限公司,位于江西省武宁县横路乡,公司农场面积2000多亩,周边有大量的荒山荒地,是一个可容纳养殖3000头肉牛的养殖及繁育基地。该公司倡导实行“可持续循环经济模式”,高效利用牛粪养殖蚯蚓,蚯蚓粪生产有机肥;牛尿替代化肥种植有机蔬菜;利用多余的牛粪制作生物燃料等变废为宝的做法获得了良好的经济、社会和生态效益。

2. 工艺流程图(见图3-1-1)

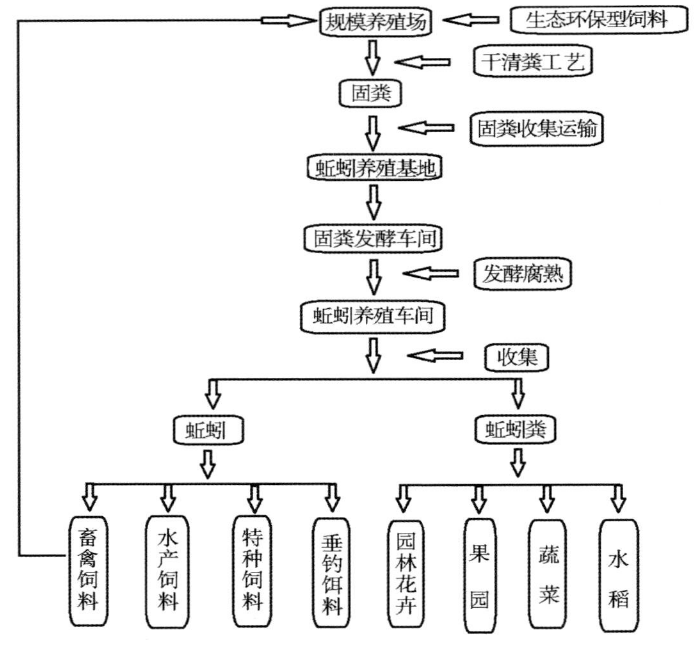

图3-1-1 固体粪便高值化利用技术

3. 主要技术单元现场图(见图3－1－2、图3－1－3、图3－1－4、图3－1－5、图3－1－6、图3－1－7)

图3－1－2 基料发酵

图3－1－3 平地堆肥养殖

图 3－1－4　工厂化养殖

图 3－1－5　温度控制

图 3－1－6　蚯蚓生长

图 3 - 1 - 7　蚯蚓收集

4. 效益分析

主要投资在前期设施、设备上，共投资约 150 万元，年可处理 5000 吨畜禽固体粪便。按目前活体蚯蚓 20000 元/吨，有机肥市场均价 800 元/吨计，利用牛粪养殖蚯蚓，每头牛每年可增加收益 1000 元。采用蚯蚓处理固体粪，不仅可以有效解决环境污染，而且可以生产蚯蚓及产生蚯蚓粪，实现固体粪的无害化处理、资源化循环利用，具有明显的生态效益和经济效益，是畜禽养殖废弃物处理和高值化利用的有效途径。

二、畜禽粪便养殖黑水虻技术

黑水虻是腐生性的水虻科昆虫，能够取食禽畜粪便和生活垃圾，生产高价值的动物蛋白质饲料，因其繁殖迅速，生物量大，食性广泛、吸收转化率高，容易管理、饲养成本低，动物适口性好等特点，从而易于资源化利用。2013 年 10 月，联合国粮食及农业组织（FAO）推出《可食用昆虫报告》，力推在世界范围内用昆虫替代畜禽蛋白质饲料的传统来源，黑水虻即为其中应用前景很广的一种。2013 年 10 月，欧盟成立了专业的组织，旨在推动黑水虻在蛋白质饲料替代中的应用。

（一）技术要点

1. 设施、设备

黑水虻的饲养场地选择光照充足、通风良好、交通方便的地方。配备成虫产卵室、幼虫饲养室。

（1）成虫室

成虫室规格为 3 米 ×2 米 ×2 米，里面放置宽大叶片的灌木植物，外面套上泥龙网或铁窗纱，留一个便于饲养员出入的门。

（2）幼虫室

幼虫饲养室水泥槽宽 1.8 ~2.0 米，长度视情况而定。

(3)产卵工具

黑水虻产卵并不直接产在食物中,而是在附近寻找合适的缝隙产卵,为养殖中黑水虻卵块的收集提供了方便。将直径3~4毫米、高7毫米的花泥块或方木块若干个放在成虫室供虫子活动。

2. 养殖技术

(1)生长周期

在适宜的环境中,黑水虻35天即可完成一个世代。一对黑水虻可产卵近千粒,从卵到成熟幼虫,黑水虻个体增长近4000倍。见图3-1-8、图3-1-9、图3-1-10、图3-1-11。

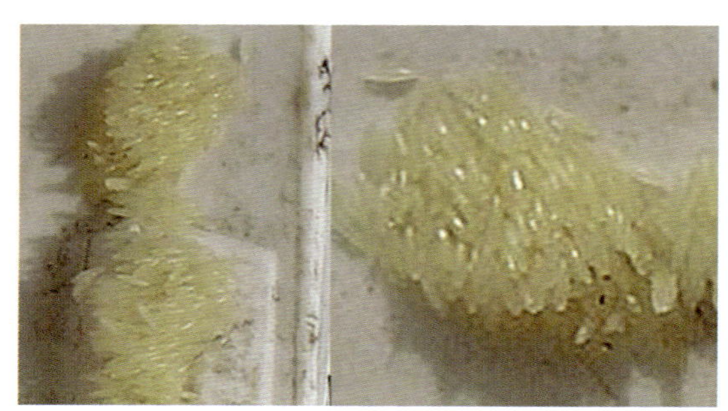

图3-1-8　卵(3~4天)

图3-1-9　幼虫(14~21天)

图 3－1－10 蛹(7～14 天)

图 3－1－11 成虫(7～14 天)

(2)交配

黑水虻的成虫羽化后通常停歇在绿色植物的叶片上,因此适宜交配的环境为有矮灌木的绿地,交配行为通常发生在有强烈阳光的正午时分,尤其是温度较低的冬天。阳光是能够诱导产生交配行为的主要环境因子。黑水虻的交配行为在飞行过程中进行,雄成虫在空中追逐雌成虫,并迅速进行外生殖器的对接,然后落在附近的叶片或地面上,头背向、尾相接成“一”字形进行授精,授精过程持续 20～30 分钟,授精完成后生殖器分离,交配行为结束。

（3）阶段饲养

①幼虫饲养。黑水虻的初孵幼虫至3龄幼虫（第2次蜕皮之后的黑水虻幼虫）体积小，食量不大，将黑水虻幼虫饲养至3龄后再进入禽畜粪便的处理程序。以透明塑料盒或塑料盘为饲养器具，以花生麸和麦麸为主要饲料，环境温度为室温（25℃）、盘内食料温度为30～32℃、环境相对湿度不低于60%、盘内湿度不大于80%，加盖防蝇网，每24小时更换一次食料，初孵幼虫至3龄幼虫的发育期为6～7天，获得大小一致、体色乳白、健康活泼的3龄幼虫用于禽畜粪便的生物处理过程。

②预蛹。黑水虻幼虫经5龄（第4次蜕皮后的黑水虻幼虫）后体色逐渐变为黑褐色，体壁硬化，停止取食，进入预蛹阶段。预蛹阶段的黑水虻肠道内没有食物，会寻找干燥、阴凉、隐蔽的场所化蛹，但同样有避光性和趋缝性。用于补充黑水虻成虫种群数量的预蛹收集后，在残余的食料中加入适量木糠和泥土，使其在养殖床底部化蛹，然后置于成虫饲养室内，避雨、避光，约2周后即可羽化出黑水虻成虫，从而进行新一轮的循环。

③分离。黑水虻与食料残余的分离可通过2种方法进行：其一，自然迁出。黑水虻预蛹阶段有迁出食料的习性，因此在饲养容器中设计若干有通道的出口，通道倾斜角度小于15°，黑水虻在夜晚时即能通过倾斜的通道自行迁出饲养盘，在通道出口放置容器收集即能得到分离得十分干净的预蛹。其二，筛分。黑水虻取食后期食物残余已经相当干燥，因此根据饲料颗粒大小选择适宜的筛目，通过分离过大和过小的食物块，也能得到含有少量杂质的黑水虻预蛹。

④成虫饲养。成虫室（见图3－1－12）接装自动或手动喷雾器，湿度调节在60%以上。成虫在自然光下交配（成虫交配需要

太阳光的刺激)，阴天可开碘钨灯，效果为太阳光的60%～70%，成虫期不吃料只需要补充一定的水分，在灌木植物叶面喷洒蜂蜜水或蔗糖水。

图3－1－12　成虫室

⑤采卵。方便、迅速地集中采卵是黑水虻规模化养殖的关键，是有效地控制环境因子、实现操作过程的程序化和标准化以及获得龄期一致的幼虫从而方便时间序列控制的关键。可以采用一次性卵诱集器，放于食料附近，就能够比较方便地收获大量的黑水虻卵。

⑥常温孵化。将收集的卵诱集器放于透明的塑料盒内，在盒底均匀铺垫一层由鱼粉、麦麸、花生麸等配制的初孵幼虫饵，环境温度为室温(25℃)、相对湿度大于80%，加盖防蝇网，必要时补充水分，3天左右就能孵化。

3. 畜禽粪便处理流程

将3龄黑水虻幼虫放入至湿度为70%～80%新鲜畜禽养殖粪便层(厚约10厘米)表面，过干可加水，过湿可加锯末调节。根据黑水虻的生长情况，每天定时添加新鲜粪便，观察并记录水分和温度。少数幼虫进入预蛹阶段，将虫粪和黑水虻分离，进入下一批次畜禽粪便处理。

4. 黑水虻处理能力

每吨养殖粪便处理需要 75 ~ 100 克虫卵孵化的幼虫（约 300 克）。以猪粪为例，1 吨猪粪可转化为黑水虻鲜虫约 100 千克，虫粪约 423 千克。一个存栏 5000 头的猪场，每天产生的猪粪可转化为黑水虻鲜虫约 0. 8 吨，虫粪 3. 2 吨。

5. 黑水虻利用方式

黑水虻幼虫能够以餐厨垃圾、畜禽粪便、农副产品下脚料等作为食物转化为自身需要物质，如蛋白质、脂肪类等。此外，它还能减轻垃圾造成越来越严重的环境污染问题，并将收获的幼虫加工成动物蛋白质饲料添加剂，也可以直接喂鸡（见图 3 – 1 – 13）、鱼、龟、虾、黄鳝、金龙鱼、鸟、珍禽、林蛙等幼虫，还可以提取抗生素、脂肪等，用其制成的外用药品对风湿性湿疹脱发等症疗效显著。见图 3 – 1 – 14。

图 3 – 1 – 13　黑水虻幼虫喂鸡

图 3－1－14　黑水虻干虫

（二）适用范围

适用于规模养殖场。

（三）优缺点

1. 优点

（1）既解决了畜禽养殖粪便的污染问题，又为解决蛋白质饲料原料的短缺提供了有效途径；

（2）处理粪量大、速度快，每只幼虫每天能吃掉大约为自身等同体重的废弃物；

（3）用途广，黑水虻幼虫可作为宠物、鱼类、家禽饲料、油脂原料等，虫粪可作有机肥料。

2. 缺点

（1）黑水虻养殖技术要求较高，如幼虫对环境温湿度敏感；

(2)管理不当,易导致成虫交配率低,成虫产卵不足等;

(3)目前国内利用黑水虻加工饲料未形成产业化,对黑水虻的大规模生产销售产生一定影响。

(四)典型案例

1. 基地简介

某猪场存栏生猪5000头,采用干清粪工艺,每天产生猪粪约8吨,通过猪粪养殖黑水虻,可转化为黑水虻鲜虫约1.1吨,虫粪3.2吨。

2. 工艺流程图(见图3-1-15)

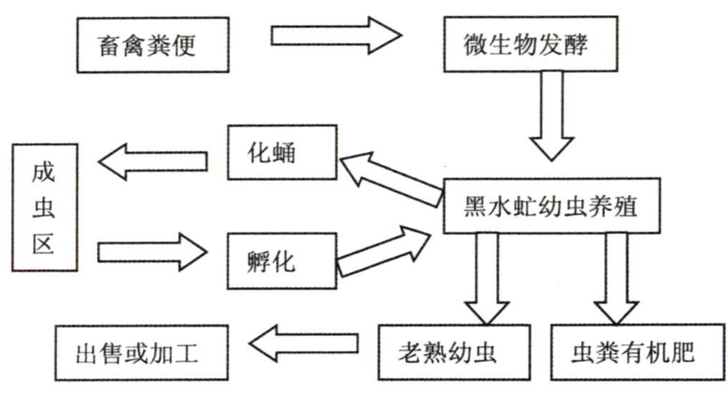

图3-1-15　畜禽粪便养殖黑水虻技术

3. 主要技术现场图(见图3-1-16)

图3-1-16　黑水虻养殖区

4. 效益分析

一个年出栏生猪万头的养殖场，年产粪便4000吨，按每吨粪便产鲜虫50～100千克，每年可产鲜虫200～400吨，产生有机肥1000吨，猪粪养殖黑水虻年产值可高达180万元，利润约100万元。

第二节　病死畜禽堆积自然发酵技术

病死畜禽堆积自然发酵处理一般在场内实施，是在遵守国家或地方法律、法规允许的条件下，即将病死畜禽尸体与锯末、稻壳、秸秆等农林副产物组成的基料混合，使用自然微生物或接种专用有益微生物菌种，营造有益微生物良好的生活环境，通过体内外微生物共同作用来分解病死畜禽尸体，同时所产生的大量热量将病原微生物和寄生虫虫卵杀灭的一项无害化生物环保技术。

根据畜禽种类不同，堆积发酵完成时间不同，家禽一般情况下堆积发酵完成需要3个月，猪、牛等大动物尸体堆积发酵时间约为6个月。堆积发酵完成后，畜禽尸体几乎完全分解，翻搅堆肥，即可用作农作物的有机肥料，达到降低处理成本、提高生物安全的目的。

一、技术要点

（一）主要设施

1. 选址

堆积自然发酵地点要求远离居民区、学校和其他公共场所150米以上，离饮用水源、池塘、溪流等60米以上，不能对地下水资源产生不良影响，且要设置在居民区的下风口。一般设置在养殖场生产区域下风向，距离养殖区 100 米以上。地面做防渗处理并高出周围 10～20 厘米，根据养殖场设计多个堆积发酵间，每间的宽度与所使用的机械相配套。

2. 堆积发酵间设计

为了保证足够的堆积自然发酵空间，堆积自然发酵间的面积和体积取决于堆肥系统的大小和猪场的年均病死猪数量。堆积发酵间面积的设计标准：一般年出栏万头的猪场，需建设堆积发酵间 150 平方米。猪堆积发酵间设计长 5 米，宽 3 米，墙体高 1.5～1.8 米，顶棚高 2.5～3.0 米，这样每个堆积发酵间有 15 平方米，使用三面墙体，地面防渗处理，水泥地板厚 10 厘米，避免污水进入地表层，屋顶使用彩钢瓦或普通屋顶，要坚固防风。见图 3－2－1。

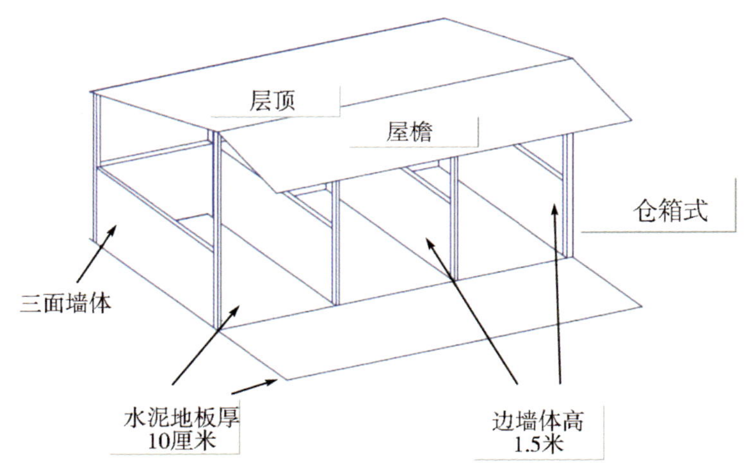

图 3－2－1　堆积发酵间

3. 堆积发酵操作步骤

（1）堆料

选用含20%水分的发酵基料放入发酵池中作为基料，基料厚约30厘米，确保基料层、发酵池四周边缘都覆盖碳源（基料），将病死猪放入发酵池中，病死猪四周都应有足够的碳源，病死猪覆盖碳源厚约30厘米，覆盖完全后可逐层放入病死猪，到距离顶棚1米时为止，堆积自然发酵顶层堆料厚度至少60厘米，堆料控制碳氮比为（25～30）：1，以1000千克发酵基料中放置病死猪300～400千克。在一个发酵单元内，以放入最后一批病死猪为止，作为一个批次。

（2）换池

当堆积自然发酵90天时，把堆积肥料转移到另一个发酵池内，调节垫料的温湿度，进入二次发酵。再次发酵90天后，未见软骨组织，第二阶段堆积自然发酵结束，可清理干净准备下一次发酵。

（3）温湿度

堆积自然发酵过程中，堆积自然发酵湿度保持在40%～60%，温度保持在55～70℃。温度高于70℃，对堆体适当增加翻耙次数；温度低于55℃，可通过压实堆体、调节堆体湿度等方式进行调整。

（4）记录

做好病死猪堆积自然发酵相关记录，包括记录病死猪处理量、堆积自然发酵日期、温度、湿度等，记录资料妥善保存至少2年。

二、适用范围

堆积发酵处理因堆积发酵时间较长，处理能力有限，适合中小规模猪场采用。

三、优缺点

1. 优点

(1)能够处理病死猪,并可将其转化成有机肥循环利用;

(2)处理过程中臭味轻,对环境污染低;

(3)不需要配置大型设施、设备,成本较低,易于操作。

2. 缺点

(1)处理过程较慢,有的病原微生物能长期生存,如果没做好防渗工作,有可能污染土壤或地下水;

(2)翻耙工作量相对较大。

四、典型案例

1. 基地简介

瑞金市养宝农业有限公司成立于2009年,公司投入1.13亿元,建成6个养殖小区,猪舍6万平方米,年出栏商品猪5万头。公司致力于发展生态绿色农业,采用堆肥法处理病死猪尸体,占地面积420平方米,每个发酵间长6米、宽2.25米、高2.6米,一共20个。

2. 主要技术单元现场图(见图3-2-2、图3-2-3、图3-2-4、图3-2-5、图3-2-6、图3-2-7、图3-2-8)

图3-2-2　堆肥车间

图 3－2－3　基料

图 3－2－4　堆肥 20 天头部开始腐烂

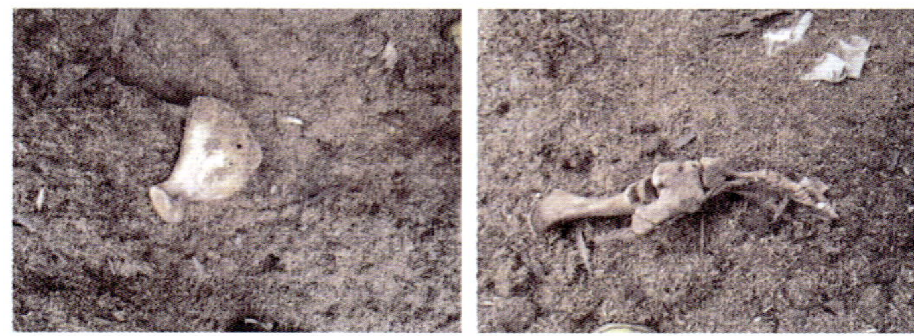

图 3－2－5　堆肥 3 个月后

图 3－2－6　堆肥后 30 千克猪的头骨

图 3－2－7　堆肥完成后大型母猪肋骨

图 3－2－8　堆肥后分层次的有机肥

参考文献

[1]全国畜牧总站.畜禽粪便资源化利用技术—种养结合模式[M].北京:中国农业科学技术出版社,2016.

[2]掌子凯,刘长春.生猪养殖主推技术[M].北京:中国农业科学技术出版社,2013.

[3]郑久坤,杨军香.粪污处理主推技术[M].北京:中国农业科学技术出版社,2013.

[4]娄佑武,吴志勇,徐晓云,等.生猪清洁生产技术[M].南昌:江西科学技术出版社.2014.

[5]吴志坚,吴志勇,徐晓云,等.病死猪无害化处理效果初探[J].江西畜牧兽医杂志,2015,167(3):9-13.

[6]张磊,吴志勇,徐晓云,等.猪场沼液在水芹菜种植中的应用研究[J].江西畜牧兽医杂志,2015,167(3):16-18.

[7]王付彬,刘玉升,张秀波.黑水虻[J].农业知识,2010(9):44-45.

[8]刘宏宇,喻国辉,夏嫱.黑水虻研究进展[J].养殖与饲料,2015(12):4-7.

[9]江西省质量技术监督局.猪粪养殖蚯蚓技术操作规程[Z].DB 36/T 837—2015.

[10]江西省质量技术监督局.育肥猪高床节水栏舍设计技术[Z].DB 36/T 913—2016.

附　录

国务院办公厅关于加快推进畜禽养殖废弃物资源化利用的意见

（国办发〔2017〕48号）

各省、自治区、直辖市人民政府，国务院各部委、各直属机构：

近年来，我国畜牧业持续稳定发展，规模化养殖水平显著提高，保障了肉蛋奶供给，但大量养殖废弃物没有得到有效处理和利用，成为农村环境治理的一大难题。抓好畜禽养殖废弃物资源化利用，关系畜产品有效供给，关系农村居民生产生活环境改善，是重大的民生工程。为加快推进畜禽养殖废弃物资源化利用，促进农业可持续发展，经国务院同意，现提出以下意见。

一、总体要求

（一）指导思想。全面贯彻党的十八大和十八届三中、四中、五中、六中全会精神，深入贯彻习近平总书记系列重要讲话精神和治国理政新理念新思想新战略，认真落实党中央、国务院决策部署，统筹推进“五位一体”总体布局和协调推进“四个全面”战略布局，牢固树立和贯彻落实创新、协调、绿色、开放、共享的发展理念，坚持保供给与保环境并重，坚持政府支持、企业主体、市场化运作的方针，坚持源头减量、过程控制、末端利用的治理路径，以畜牧大县和规模养殖场为重点，以沼气和生物天然气为主要处理方向，以农用有机肥和农村能源为主要利用方向，健全制度体系，强化责任落实，完善扶持政策，严格执法监管，加强科技支撑，强化装备保障，全面推进畜禽养殖废弃物资源化利用，加快构建种养结合、农牧循环的可持续发展新格局，为全面建成小康社会提供有力支撑。

（二）基本原则。统筹兼顾，有序推进。统筹资源环境承载能力、畜产品供给保障能力和养殖废弃物资源化利用能力，协同推进生产发展和环境保护，奖惩并举，疏堵结合，加快畜牧业转型升级和绿色发展，保障畜产品供给稳定。

因地制宜，多元利用。根据不同区域、不同畜种、不同规模，以肥料化利用为基础，采取经济高效适用的处理模式，宜肥则肥，宜气则气，宜电则电，实现粪污就地就近利用。

属地管理，落实责任。畜禽养殖废弃物资源化利用由地方人民政府负总责。各有关部门在本级人民政府的统一领导下，健全工作机制，督促指导畜禽养殖场切实履行主体责任。

政府引导，市场运作。建立企业投入为主、政府适当支持、社会资本积极参与的运营机制。完善以绿色生态为导向的农业补贴制度，充分发挥市场配置资源的决定性作用，引导和鼓励社会资本投入，培育发展畜禽养殖废弃物资源化利用产业。

（三）主要目标。到 2020 年，建立科学规范、权责清晰、约束有力的畜禽养殖废弃物资源化利用制度，构建种养循环发展机制，全国畜禽粪污综合利用率达到 75% 以上，规模养殖场粪污处理设施装备配套率达到 95% 以上，大型规模养殖场粪污处理设施装备配套率提前一年达到 100% 。畜牧大县、国家现代农业示范区、农业可持续发展试验示范区和现代农业产业园率先实现上述目标。

二、建立健全畜禽养殖废弃物资源化利用制度

（四）严格落实畜禽规模养殖环评制度。规范环评内容和要求。对畜禽规模养殖相关规划依法依规开展环境影响评价，调整优化畜牧业生产布局，协调畜禽规模养殖和环境保护的关系。新建或改扩建畜禽规模养殖场，应突出养分综合利用，配套与养殖规模和处理工艺相适应的粪污消纳用地，配备必要的粪污收集、储存、处理、利用设施，依法进行环境影响评价。加强畜禽规模养殖场建设项目环评分类管理和相关技术标准研究，合理确定编制环境影响报告书和登记表的畜禽规模养殖场规模标准。对未依法进行环境影响评价的畜禽规模养殖场，环保部门予以处罚。（环境保护部、农业部牵头）

（五）完善畜禽养殖污染监管制度。建立畜禽规模养殖场直联直报信息系统，构建统一管理、分级使用、共享直联的管理平台。健全畜禽粪污还田利用和检测标准体系，完善畜禽规模养殖场污染物减排核算制度，制定畜禽养殖粪污土地承载能力测算方法，畜禽养殖规模超过土地承载能力的县要合理调减养殖总量。完善肥料登记管理制度，强化商品有机肥原料和质量的监管与认证。实施畜禽规模养殖场分类管理，对设有固定排污口的畜禽规模养殖场，依法核发排污许可证，依法严格监管；改革完善畜禽粪污排放统计核算方法，对畜禽粪污全部还田利用的畜禽规模养殖场，将无害化还田利用量作为统计污染物削减量的重要依据。（农业部、环境保护部牵头，质检总局参与）

（六）建立属地管理责任制度。地方各级人民政府对本行政区域内的畜禽养殖废弃物资源化利用工作负总责，要结合本地实际,依法明确部门职责,细化任务分工,健全工作机制,加大资金投入,完善政策措施,强化日常监管,确保各项任务落实到位。统筹畜产品供给和畜禽粪污治理,落实“菜篮子”市长负责制。各省(区、市)人民政府应于2017年底前制定并公布畜禽养殖废弃物资源化利用工作方案,细化分年度的重点任务和工作清单,并抄送农业部备案。(农业部牵头,环境保护部参与)

(七)落实规模养殖场主体责任制度。畜禽规模养殖场要严格执行环境保护法、畜禽规模养殖污染防治条例、水污染防治行动计划、土壤污染防治行动计划等法律法规和规定,切实履行环境保护主体责任,建设污染防治配套设施并保持正常运行,或者委托第三方进行粪污处理,确保粪污资源化利用。畜禽养殖标准化示范场要带头落实,切实发挥示范带动作用。(农业部、环境保护部牵头)

(八)健全绩效评价考核制度。以规模养殖场粪污处理、有机肥还田利用、沼气和生物天然气使用等指标为重点,建立畜禽养殖废弃物资源化利用绩效评价考核制度,纳入地方政府绩效评价考核体系。农业部、环境保护部要联合制定具体考核办法,对各省(区、市)人民政府开展考核。各省(区、市)人民政府要对本行政区域内畜禽养殖废弃物资源化利用工作开展考核,定期通报工作进展,层层传导压力。强化考核结果应用,建立激励和责任追究机制。(农业部、环境保护部牵头,中央组织部参与)

(九)构建种养循环发展机制。畜牧大县要科学编制种养循环发展规划,实行以地定畜,促进种养业在布局上相协调,精准规划引导畜牧业发展。推动建立畜禽粪污等农业有机废弃物收集、转化、利用网络体系,鼓励在养殖密集区域建立粪污集中处理中心,探索规模化、专业化、社会化运营机制。通过支持在田间地头配套建设管网和储粪(液)池等方式,解决粪肥还田“最后一公里”问题。鼓励沼液和经无害化处理的畜禽养殖废水作为肥料科学还田利用。加强粪肥还田技术指导,确保科学合理施用。支持采取政府和社会资本合作(PPP)模式,调动社会资本积极性,形成畜禽粪污处理全产业链。培育壮大多种类型的粪污处理社会化服务组织,实行专业化生产、市场化运营。鼓励建立受益者付费机制,保障第三方处理企业和社会化服务组织合理收益。(农业部牵头,国家发展改革委、财政部、环境保护部参与)

三、保障措施

(十)加强财税政策支持。启动中央财政畜禽粪污资源化利用试点,实施种养业循环一体化工程,整县推进畜禽粪污资源化利用。以果菜茶大县和畜牧大县等为重点,实施有机肥替代化肥行动。鼓励地方政府利用中央财政农机购置补贴资金,对畜禽养殖废弃物资源化利用装备实行敞开补贴。开展规模化生物天然气工程和大中型沼气工程建设。落实沼气发电上网标杆电价和上网电量全额保障性收购政策,降低单机发电功率门槛。生物天然气符合城市燃气管网入网技术标准的,经营燃气管网的企业应当接收其入网。落实沼气和生物天然气增值税即征即退政策,支持生物天然气和沼气工程开展碳交易项目。地方财政要加大畜禽养殖废弃物资源化利用投入,支持规模养殖场、第三方处理企业、社会化服务组织建设粪污处理设施,积极推广使用有机肥。鼓励地方政府和社会资本设立投资基金,创新粪污资源化利用设施建设和运营模式。(财政部、国家发展改革委、农业部、环境保护部、住房城乡建设部、税务总局、国家能源局、国家电网公司等负责)

（十一）统筹解决用地用电问题。落实畜禽规模养殖用地，并与土地利用总体规划相衔接。完善规模养殖设施用地政策，提高设施用地利用效率，提高规模养殖场粪污资源化利用和有机肥生产积造设施用地占比及规模上限。将以畜禽养殖废弃物为主要原料的规模化生物天然气工程、大型沼气工程、有机肥厂、集中处理中心建设用地纳入土地利用总体规划，在年度用地计划中优先安排。落实规模养殖场内养殖相关活动农业用电政策。（国土资源部、国家发展改革委、国家能源局牵头，农业部参与）

（十二）加快畜牧业转型升级。优化调整生猪养殖布局，向粮食主产区和环境容量大的地区转移。大力发展标准化规模养殖，建设自动喂料、自动饮水、环境控制等现代化装备，推广节水、节料等清洁养殖工艺和干清粪、微生物发酵等实用技术，实现源头减量。加强规模养殖场精细化管理，推行标准化、规范化饲养，推广散装饲料和精准配方，提高饲料转化效率。加快畜禽品种遗传改良进程，提升母畜繁殖性能，提高综合生产能力。落实畜禽疫病综合防控措施，降低发病率和死亡率。以畜牧大县为重点，支持规模养殖场圈舍标准化改造和设备更新，配套建设粪污资源化利用设施。以生态养殖场为重点，继续开展畜禽养殖标准化示范创建。（农业部牵头，国家发展改革委、财政部、质检总局参与）

（十三）加强科技及装备支撑。组织开展畜禽粪污资源化利用先进工艺、技术和装备研发，制修订相关标准，提高资源转化利用效率。开发安全、高效、环保新型饲料产品，引导矿物元素类饲料添加剂减量使用。加强畜禽粪污资源化利用技术集成，根据不同资源条件、不同畜种、不同规模，推广粪污全量收集还田利用、专业化能源利用、固体粪便肥料化利用、异位发酵床、粪便垫料回用、污水肥料化利用、污水达标排放等经济实用技术模式。集成推广应用有机肥、水肥一体化等关键技术。以畜牧大县为重点,加大技术培训力度,加强示范引领,提升养殖场粪污资源化利用水平。(农业部、科技部牵头,质检总局参与)

(十四)强化组织领导。各地区、各有关部门要根据本意见精神,按照职责分工,加大工作力度,抓紧制定和完善具体政策措施。农业部要会同有关部门对本意见落实情况进行定期督查和跟踪评估,并向国务院报告。(农业部牵头)

国务院办公厅

2017 年 5 月 31 日

畜禽规模养殖污染防治条例

（国务院令第 643 号）

第一章　总　则

第一条　为了防治畜禽养殖污染，推进畜禽养殖废弃物的综合利用和无害化处理，保护和改善环境，保障公众身体健康，促进畜牧业持续健康发展，制定本条例。

第二条　本条例适用于畜禽养殖场、养殖小区的养殖污染防治。

畜禽养殖场、养殖小区的规模标准根据畜牧业发展状况和畜禽养殖污染防治要求确定。

牧区放牧养殖污染防治，不适用本条例。

第三条　畜禽养殖污染防治，应当统筹考虑保护环境与促进畜牧业发展的需要，坚持预防为主、防治结合的原则，实行统筹规划、合理布局、综合利用、激励引导。

第四条　各级人民政府应当加强对畜禽养殖污染防治工作的组织领导，采取有效措施，加大资金投入，扶持畜禽养殖污染防治以及畜禽养殖废弃物综合利用。

第五条　县级以上人民政府环境保护主管部门负责畜禽养殖污染防治的统一监督管理。

县级以上人民政府农牧主管部门负责畜禽养殖废弃物综合利

用的指导和服务。

县级以上人民政府循环经济发展综合管理部门负责畜禽养殖循环经济工作的组织协调。

县级以上人民政府其他有关部门依照本条例规定和各自职责，负责畜禽养殖污染防治相关工作。

乡镇人民政府应当协助有关部门做好本行政区域的畜禽养殖污染防治工作。

第六条　从事畜禽养殖以及畜禽养殖废弃物综合利用和无害化处理活动，应当符合国家有关畜禽养殖污染防治的要求，并依法接受有关主管部门的监督检查。

第七条　国家鼓励和支持畜禽养殖污染防治以及畜禽养殖废弃物综合利用和无害化处理的科学技术研究和装备研发。各级人民政府应当支持先进适用技术的推广，促进畜禽养殖污染防治水平的提高。

第八条　任何单位和个人对违反本条例规定的行为，有权向县级以上人民政府环境保护等有关部门举报。接到举报的部门应当及时调查处理。

对在畜禽养殖污染防治中作出突出贡献的单位和个人，按照国家有关规定给予表彰和奖励。

第二章　预　防

第九条　县级以上人民政府农牧主管部门编制畜牧业发展规划，报本级人民政府或者其授权的部门批准实施。畜牧业发展规划应当统筹考虑环境承载能力以及畜禽养殖污染防治要求，合理布局，科学确定畜禽养殖的品种、规模、总量。

第十条　县级以上人民政府环境保护主管部门会同农牧主管

部门编制畜禽养殖污染防治规划，报本级人民政府或者其授权的部门批准实施。畜禽养殖污染防治规划应当与畜牧业发展规划相衔接，统筹考虑畜禽养殖生产布局，明确畜禽养殖污染防治目标、任务、重点区域，明确污染治理重点设施建设，以及废弃物综合利用等污染防治措施。

第十一条 禁止在下列区域内建设畜禽养殖场、养殖小区：

（一）饮用水水源保护区，风景名胜区；

（二）自然保护区的核心区和缓冲区；

（三）城镇居民区、文化教育科学研究区等人口集中区域；

（四）法律、法规规定的其他禁止养殖区域。

第十二条 新建、改建、扩建畜禽养殖场、养殖小区，应当符合畜牧业发展规划、畜禽养殖污染防治规划，满足动物防疫条件，并进行环境影响评价。对环境可能造成重大影响的大型畜禽养殖场、养殖小区，应当编制环境影响报告书；其他畜禽养殖场、养殖小区应当填报环境影响登记表。大型畜禽养殖场、养殖小区的管理目录，由国务院环境保护主管部门商国务院农牧主管部门确定。

环境影响评价的重点应当包括：畜禽养殖产生的废弃物种类和数量，废弃物综合利用和无害化处理方案和措施，废弃物的消纳和处理情况以及向环境直接排放的情况，最终可能对水体、土壤等环境和人体健康产生的影响以及控制和减少影响的方案和措施等。

第十三条 畜禽养殖场、养殖小区应当根据养殖规模和污染防治需要，建设相应的畜禽粪便、污水与雨水分流设施，畜禽粪便、污水的储存设施，粪污厌氧消化和堆沤、有机肥加工、制取沼气、沼渣沼液分离和输送、污水处理、畜禽尸体处理等综合利用和无害化处理设施。已经委托他人对畜禽养殖废弃物代为综合利用和无害化处理的，可以不自行建设综合利用和无害化处理设施。

未建设污染防治配套设施、自行建设的配套设施不合格，或者未委托他人对畜禽养殖废弃物进行综合利用和无害化处理的，畜禽养殖场、养殖小区不得投入生产或者使用。

畜禽养殖场、养殖小区自行建设污染防治配套设施的，应当确保其正常运行。

第十四条　从事畜禽养殖活动，应当采取科学的饲养方式和废弃物处理工艺等有效措施，减少畜禽养殖废弃物的产生量和向环境的排放量。

第三章　综合利用与治理

第十五条　国家鼓励和支持采取粪肥还田、制取沼气、制造有机肥等方法，对畜禽养殖废弃物进行综合利用。

第十六条　国家鼓励和支持采取种植和养殖相结合的方式消纳利用畜禽养殖废弃物，促进畜禽粪便、污水等废弃物就地就近利用。

第十七条　国家鼓励和支持沼气制取、有机肥生产等废弃物综合利用以及沼渣沼液输送和施用、沼气发电等相关配套设施建设。

第十八条　将畜禽粪便、污水、沼渣、沼液等用作肥料的，应当与土地的消纳能力相适应，并采取有效措施，消除可能引起传染病的微生物，防止污染环境和传播疫病。

第十九条　从事畜禽养殖活动和畜禽养殖废弃物处理活动，应当及时对畜禽粪便、畜禽尸体、污水等进行收集、储存、清运，防止恶臭和畜禽养殖废弃物渗出、泄漏。

第二十条　向环境排放经过处理的畜禽养殖废弃物,应当符合国家和地方规定的污染物排放标准和总量控制指标。畜禽养殖废弃物未经处理,不得直接向环境排放。

第二十一条　染疫畜禽以及染疫畜禽排泄物、染疫畜禽产品、病死或者死因不明的畜禽尸体等病害畜禽养殖废弃物,应当按照有关法律、法规和国务院农牧主管部门的规定,进行深埋、化制、焚烧等无害化处理,不得随意处置。

第二十二条　畜禽养殖场、养殖小区应当定期将畜禽养殖品种、规模以及畜禽养殖废弃物的产生、排放和综合利用等情况,报县级人民政府环境保护主管部门备案。环境保护主管部门应当定期将备案情况抄送同级农牧主管部门。

第二十三条　县级以上人民政府环境保护主管部门应当依据职责对畜禽养殖污染防治情况进行监督检查,并加强对畜禽养殖环境污染的监测。

乡镇人民政府、基层群众自治组织发现畜禽养殖环境污染行为的,应当及时制止和报告。

第二十四条　对污染严重的畜禽养殖密集区域,市、县人民政府应当制定综合整治方案,采取组织建设畜禽养殖废弃物综合利用和无害化处理设施、有计划搬迁或者关闭畜禽养殖场所等措施,对畜禽养殖污染进行治理。

第二十五条　因畜牧业发展规划、土地利用总体规划、城乡规划调整以及划定禁止养殖区域,或者因对污染严重的畜禽养殖密集区域进行综合整治,确需关闭或者搬迁现有畜禽养殖场所,致使畜禽养殖者遭受经济损失的,由县级以上地方人民政府依法予以补偿。

第四章 激励措施

第二十六条 县级以上人民政府应当采取示范奖励等措施，扶持规模化、标准化畜禽养殖，支持畜禽养殖场、养殖小区进行标准化改造和污染防治设施建设与改造，鼓励分散饲养向集约饲养方式转变。

第二十七条 县级以上地方人民政府在组织编制土地利用总体规划过程中，应当统筹安排，将规模化畜禽养殖用地纳入规划，落实养殖用地。

国家鼓励利用废弃地和荒山、荒沟、荒丘、荒滩等未利用地开展规模化、标准化畜禽养殖。

畜禽养殖用地按农用地管理，并按照国家有关规定确定生产设施用地和必要的污染防治等附属设施用地。

第二十八条 建设和改造畜禽养殖污染防治设施，可以按照国家规定申请包括污染治理贷款贴息补助在内的环境保护等相关资金支持。

第二十九条 进行畜禽养殖污染防治，从事利用畜禽养殖废弃物进行有机肥产品生产经营等畜禽养殖废弃物综合利用活动的，享受国家规定的相关税收优惠政策。

第三十条 利用畜禽养殖废弃物生产有机肥产品的，享受国家关于化肥运力安排等支持政策；购买使用有机肥产品的，享受不低于国家关于化肥的使用补贴等优惠政策。

畜禽养殖场、养殖小区的畜禽养殖污染防治设施运行用电执行农业用电价格。

第三十一条 国家鼓励和支持利用畜禽养殖废弃物进行沼气发电，自发自用、多余电量接入电网。电网企业应当依照法律和国家有关规定为沼气发电提供无歧视的电网接入服务，并全额收购其电网覆盖范围内符合并网技术标准的多余电量。

利用畜禽养殖废弃物进行沼气发电的，依法享受国家规定的上网电价优惠政策。利用畜禽养殖废弃物制取沼气或进而制取天然气的，依法享受新能源优惠政策。

第三十二条　地方各级人民政府可以根据本地区实际，对畜禽养殖场、养殖小区支出的建设项目环境影响咨询费用给予补助。

第三十三条　国家鼓励和支持对染疫畜禽、病死或者死因不明畜禽尸体进行集中无害化处理，并按照国家有关规定对处理费用、养殖损失给予适当补助。

第三十四条　畜禽养殖场、养殖小区排放污染物符合国家和地方规定的污染物排放标准和总量控制指标，自愿与环境保护主管部门签订进一步削减污染物排放量协议的，由县级人民政府按照国家有关规定给予奖励，并优先列入县级以上人民政府安排的环境保护和畜禽养殖发展相关财政资金扶持范围。

第三十五条　畜禽养殖户自愿建设综合利用和无害化处理设施、采取措施减少污染物排放的，可以依照本条例规定享受相关激励和扶持政策。

第五章　法律责任

第三十六条　各级人民政府环境保护主管部门、农牧主管部门以及其他有关部门未依照本条例规定履行职责的，对直接负责的主管人员和其他直接责任人员依法给予处分；直接负责的主管人员和其他直接责任人员构成犯罪的，依法追究刑事责任。

第三十七条　违反本条例规定，在禁止养殖区域内建设畜禽养殖场、养殖小区的，由县级以上地方人民政府环境保护主管部门责令停止违法行为；拒不停止违法行为的，处 3 万元以上 10 万元以下的罚款，并报县级以上人民政府责令拆除或者关闭。在饮用水水源保护区建设畜禽养殖场、养殖小区的，由县级以上地方人民政府环境保护主管部门责令停止违法行为，处 10 万元以上 50 万元以下的罚款，并报经有批准权的人民政府批准，责令拆除或者关闭。

第三十八条 违反本条例规定，畜禽养殖场、养殖小区依法应当进行环境影响评价而未进行的，由有权审批该项目环境影响评价文件的环境保护主管部门责令停止建设，限期补办手续；逾期不补办手续的，处 5 万元以上 20 万元以下的罚款。

第三十九条 违反本条例规定，未建设污染防治配套设施或者自行建设的配套设施不合格，也未委托他人对畜禽养殖废弃物进行综合利用和无害化处理，畜禽养殖场、养殖小区即投入生产、使用，或者建设的污染防治配套设施未正常运行的，由县级以上人民政府环境保护主管部门责令停止生产或者使用，可以处 10 万元以下的罚款。

第四十条 违反本条例规定，有下列行为之一的，由县级以上地方人民政府环境保护主管部门责令停止违法行为，限期采取治理措施消除污染，依照《中华人民共和国水污染防治法》、《中华人民共和国固体废物污染环境防治法》的有关规定予以处罚：

（一）将畜禽养殖废弃物用作肥料，超出土地消纳能力，造成环境污染的；

（二）从事畜禽养殖活动或者畜禽养殖废弃物处理活动，未采取有效措施，导致畜禽养殖废弃物渗出、泄漏的。

第四十一条 排放畜禽养殖废弃物不符合国家或者地方规定

的污染物排放标准或者总量控制指标，或者未经无害化处理直接向环境排放畜禽养殖废弃物的，由县级以上地方人民政府环境保护主管部门责令限期治理，可以处5万元以下的罚款。县级以上地方人民政府环境保护主管部门作出限期治理决定后，应当会同同级人民政府农牧等有关部门对整改措施的落实情况及时进行核查，并向社会公布核查结果。

第四十二条　未按照规定对染疫畜禽和病害畜禽养殖废弃物进行无害化处理的，由动物卫生监督机构责令无害化处理，所需处理费用由违法行为人承担，可以处3000元以下的罚款。

第六章　附　则

第四十三条　畜禽养殖场、养殖小区的具体规模标准由省级人民政府确定，并报国务院环境保护主管部门和国务院农牧主管部门备案。

第四十四条　本条例自2014年1月1日起施行。

畜禽养殖禁养区划定技术指南

（环办水体[2016]99号）

为贯彻落实《畜禽规模养殖污染防治条例》《水污染防治行动计划》，指导各地科学划定畜禽养殖禁养区（以下简称禁养区），推进畜禽养殖污染防治，引导畜牧业绿色发展，制定本指南。

1　适用范围

本指南适用于主要畜禽禁养区的划定。

2　划定依据

（1）《环境保护法》

（2）《畜牧法》

（3）《水污染防治法》

（4）《大气污染防治法》

（5）《畜禽规模养殖污染防治条例》

（6）《水污染防治行动计划》

（7）《饮用水水源保护区划分技术规范》（HJ/T 338－2007）

（8）其他有关法律法规和技术规范

3　术语与定义

3.1　畜禽

包括猪、牛、鸡等主要畜禽，其他品种动物由各地依据其规模养殖的环境影响确定。

3.2 畜禽养殖场、养殖小区

指达到省级人民政府确定的养殖规模标准的畜禽集中饲养场所(以下简称养殖场)。

3.3 禁养区

指县级以上地方人民政府依法划定的禁止建设养殖场或禁止建设有污染物排放的养殖场的区域。

4 基本要求

以优化畜禽养殖产业布局、控制农业面源污染、保障生态环境安全为目的,以统筹兼顾、科学可行、依法合规、以人为本为基本原则,根据《全国主体功能区划》《全国生态功能区划(修编版)》,综合考虑各区域主体功能定位及生态功能重要性,在与生态保护红线格局相协调前提下,以饮用水水源保护区、自然保护区的核心区和缓冲区、风景名胜区、城镇居民区、文化教育科学研究区等区域为重点,兼顾江河源头区、重要河流岸带、重要湖库周边等对水环境影响较大的区域,科学合理划定禁养区范围,切实加强环境监管,促进环境保护和畜牧业协调发展。

5 划定范围

5.1 饮用水水源保护区

包括饮用水水源一级保护区和二级保护区的陆域范围。已经完成饮用水水源保护区划分的,按照现有陆域边界范围执行;未完成饮用水水源保护区划分的,参照《饮用水水源保护区分技术规范》(HJ/T 338 -2007)中各类型饮用水水源保护区划分方法确定。其中,饮水水源保护一级保护区内禁止建设养殖场。饮用水水源二级保护区禁止建设有污染物排放的养殖场(注:畜禽粪便、养殖废水、沼渣、沼液等经过无害化处理用作肥料还田,符合法律法规要求以及国家和地方相关标准不造成环境污染的,不属于排放污染物)。

5.2 自然保护区

包括国家级和地方级自然保护区的核心区和缓冲区,按照各级人民政府公布的自然保护区范围执行。自然保护区核心区和缓冲区范围内,禁止建设养殖场。

5.3 风景名胜区

包括国家级和省级风景名胜区,以国务院及省级人民政府批准公布的名单为准,范围按照其规划确定的范围执行。其中,风景名胜区的核心景区禁止建设养殖场;其他区域禁止建设有污染物排放的养殖场。

5.4 城镇居民区和文化教育科学研究区

根据城镇现行总体规划,动物防疫条件、卫生防护和环境保护要求等,因地制宜,兼顾城镇发展,科学设置边界范围。边界范围内,禁止建设养殖场。

5.5 依照法律法规规定应当划定的区域

法律法规规定的其他禁止建设养殖场的区域。

6 工作流程

6.1 摸清底数

县级以上地方环保部门、农牧部门会同有关部门依据国家和地方法律、法规、规章等,结合当地经济社会发展规划、生态环境保护规划、畜牧业发展规划等,识别和初步确定禁养区划定范围。

6.2 核定边界

在初步确定划定范围的基础上,组织开展实地勘察,调查禁养区划定相关基础信息(包括有关地物信息,养殖场分布、养殖规模等),明确拟划定禁养区范围边界拐点,形成禁养区划定初步方案,包括比例尺一般不低于 1:50000 的畜禽禁养区分布图,以及禁养区划定范围的文字描述等。

6.3 征求意见

禁养区划定初步方案应当征求同级有关部门意见,并向社会公开征求意见。根据反馈意见进行修正,必要的应当进行现场勘核,形成禁养区划定方案(送审稿)。

6.4 报批公布

各地环保部门、农牧部门将禁养区划定方案(送审稿)报上一级地方环保部门、农牧部门进行技术审核后,报请同级人民政府批准并向社会公布。省级环保部门、农牧部门应当及时掌握本行政区域禁养区划定情况,并定期向环境保护部、农业部报送工作进展情况。

7 其他

7.1 禁养区划定后原则上 5 年内不做调整;需要调整的,根据本指南开展工作。

7.2 已完成禁养区划定的、已形成禁养区划定初步方案的,但划定范围与本指南要求不符的,应当根据本指南予以调整。

7.3 禁养区划定工作已明确牵头部门的,可按现有工作机制开展工作;需调整的,可依据本指南对现有工作机制予以调整。

7.4 禁养区划定完成后,地方环保、农牧部门要按照地方政府统一部署,积极配合有关部门,依据《水污染防治法》第五十八条、第五十九条和《畜禽规模养殖污染防治条例》第二十五条等有关法律法规的规定,协助做好禁养区内确需关闭或搬迁的已有养殖场关闭或搬迁工作。

畜禽养殖业污染物排放标准

（GB 18596—2001,2003－01－01 实施）

为贯彻《环境保护法》《水污染防治法》《大气污染防治法》，控制畜禽养殖业产生的废水、废渣和恶臭对环境的污染，促进养殖业生产工艺和技术进步，维护生态平衡，制定本标准。

本标准适用于集约化、规模化的畜禽养殖场和养殖区，不适用于畜禽散养户。根据养殖规模，分阶段逐步控制，鼓励种养结合和生态养殖，逐步实现全国养殖业的合理布局。

根据畜禽养殖业污染物排放的特点，本标准规定的污染物控制项目包括生化指标、卫生学指标和感观指标等。为推动畜禽养殖业污染物的减量化、无害化和资源化，促进畜禽养殖业干清粪工艺的发展，减少水资源浪费，本标准规定了废渣无害化环境标准。

本标准为首次制定。

本标准由国家环境保护总局科技标准司提出。

本标准由农业部环保所负责起草。

本标准由国家环境保护总局负责解释。

1　主题内容与适用范围

1.1　主题内容

本标准按集约化畜禽养殖业的不同规模分别规定了水污染物、恶臭气体的最高允许日均排放浓度、最高允许排水量，畜禽养殖业废渣无害化环境标准。

1.2 适用范围

本标准适用于全国集约化畜禽养殖场和养殖区污染物的排放管理,以及这些建设项目环境影响评价、环境保护设施设计、竣工验收及其投产后的排放管理。

1.2.1 本标准适用的畜禽养殖场和养殖区的规模分级,按表1和表2执行。

表1 集约化畜禽养殖场的适用规模(以存栏数计)

类别规模分级	猪(头)(25千克以上)	鸡(只)		牛(头)	
		蛋鸡	肉鸡	成年奶牛	肉牛
I级	≥3000	≥100000	≥200000	≥200	≥400
II级	500≤Q<3000	15000≤Q<100000	30000≤Q<200000	100≤Q<200	200≤Q<400

表2 集约化畜禽养殖区的适用规模(以存栏数计)

类别规模分级	猪(头)(25千克以上)	鸡(只)		牛(头)	
		蛋鸡	肉鸡	成年奶牛	肉牛
I级	≥6000	≥200000	≥400000	≥400	≥800
II级	3000≤Q<6000	100000≤Q<200000	200000≤Q<400000	200≤Q<400	400≤Q<800

注:Q表示养殖量。

1.2.2 对具有不同畜禽种类的养殖场和养殖区,其规模可将鸡、牛的养殖量换算成猪的养殖量,换算比例为:30只蛋鸡折算成1头猪,60只肉鸡折算成1头猪,1头奶牛折算成10头猪,1头肉牛折算成5头猪。

1.2.3 所有Ⅰ级规模范围内的集约化畜禽养殖场和养殖区，以及Ⅱ级规模范围内且地处国家环境保护重点城市、重点流域和污染严重河网地区的集约化畜禽养殖场和养殖区，自本标准实施之日起开始执行。

1.2.4 其他地区Ⅱ级规模范围内的集约化养殖场和养殖区，实施标准的具体时间可由县级以上人民政府环境保护行政主管部门确定，但不得迟于2004年7月1日。

1.2.5 对集约化养羊场和养羊区，将羊的养殖量换算成猪的养殖量，换算比例为：3只羊换算成1头猪，根据换算后的养殖量确定养羊场或养羊区的规模级别，并参照本标准的规定执行。

2 定义

2.1 集约化畜禽养殖场

指进行集约化经营的畜禽养殖场。集约化养殖是指在较小的场地内，投入较多的生产资料和劳动，采用新的工艺与技术措施，进行精心管理的饲养方式。

2.2 集约化畜禽养殖区

指距居民区一定距离，经过行政区划确定的多个畜禽养殖个体生产集中的区域。

2.3 废渣

指养殖场外排的畜禽粪便、畜禽舍垫料、废饲料及散落的毛羽等固体废物。

2.4 恶臭污染物

指一切刺激嗅觉器官，引起人们不愉快及损害生活环境的气体物质。

2.5　臭气浓度

指恶臭气体(包括异味)用无臭空气进行稀释,稀释到刚好无臭时所需的稀释倍数。

2.6　最高允许排水量

指在畜禽养殖过程中直接用于生产的水的最高允许排放量。

3　技术内容

本标准按水污染物、废渣和恶臭气体的排放分为以下三部分。

3.1　畜禽养殖业水污染物排放标准

3.1.1　畜禽养殖业废水不得排入敏感水域和有特殊功能的水域。排放去向应符合国家和地方的有关规定。

3.1.2　标准适用规模范围内的畜禽养殖业的水污染物排放分别执行表3、表4和表5的规定。

表3　集约化畜禽养殖业水冲工艺最高允许排水量

种类	猪[米^3/(百头·天)]		鸡[米^3/(千只·天)]		牛[米^3/(百头·天)]	
季节	冬季	夏季	冬季	夏季	冬季	夏季
标准值	2.5	3.5	0.8	1.2	20	30

注:1.废水最高允许排放量的单位中,百头、千只均指存栏数。2.春、秋季废水最高允许排放量按冬、夏两季的平均值计算。

表4　集约化畜禽养殖业干清粪工艺最高允许排水量

种类	猪[米^3/(百头·天)]		鸡[米^3/(千只·天)]		牛[米^3/(百头·天)]	
季节	冬季	夏季	冬季	夏季	冬季	夏季
标准值	1.2	1.8	0.5	0.7	17	20

注:1.废水最高允许排放量的单位中,百头、千只均指存栏数。2.春、秋季废水最高允许排放量按冬、夏两季的平均值计算。

表 5　集约化畜禽养殖业水污染物最高允许日均排放浓度

控制项目	五日生化需氧量（毫克/升）	化学需氧量（毫克/升）	悬浮物（毫克/升）	氨氮（毫克/升）	总磷（以 P 计）（毫克/升）	粪大肠菌群数（个/升）	蛔虫卵（个/升）
标准值	150	400	200	80	8.0	10000	2.0

3.2　畜禽养殖业废渣无害化环境标准

3.2.1　畜禽养殖业必须设置废渣的固定储存设施和场所，储存场所要有防止粪液渗漏、溢流措施。

3.2.2　用于直接还田的畜禽粪便，必须进行无害化处理。

3.2.3　禁止直接将废渣倾倒入地表水体或其他环境中。畜禽粪便还田时，不能超过当地的最大农田负荷量，避免造成面源污染和地下水污染。

3.2.4　经无害化处理后的废渣，应符合表 6 的规定。

表 6　畜禽养殖业废渣无害化环境标准

控制项目	指标
蛔虫卵	死亡率≥95%
粪大肠菌群数	≤105 个/千克

3.3　畜禽养殖业恶臭污染物排放标准

3.3.1　集约化畜禽养殖业恶臭污染物的排放执行表 7 的规定。

表 7　集约化畜禽养殖业恶臭污染物排放标准

控制项目	标准值
臭气浓度（无量纲）	70

3.4　畜禽养殖业应积极通过废水和粪便的还田或其他措施对所排放的污染物进行综合利用,实现污染物的资源化。

4　监测

污染物项目监测的采样点和采样频率应符合国家环境监测技术规范的要求。污染物项目的监测方法按表8执行。

表8　畜禽养殖业污染物排放配套监测方法

序号	项目	监测方法	方法来源
1	生化需氧量(BOD_5)	稀释与接种法	GB 7488—87
2	化学需氧量(COD_{cr})	重铬酸钾法	GB 11914—89
3	悬浮物(SS)	重量法	GB 11901—89
4	氨氮(NH_3-N)	钠氏试剂比色法 水杨酸分光光度法	GB 7479—87 GB7481—87
5	总磷(以P计)	钼蓝比色法	见注“1)”
6	粪大肠菌群数	多管发酵法	GB 5750—85
7	蛔虫卵	吐温-80柠檬酸缓冲液离心沉淀集卵法	见注“2)”
8	蛔虫卵死亡率	堆肥蛔虫卵检查法	GB 7959—87
9	寄生虫卵沉降率	粪稀蛔虫卵检查法	GB 7959—87
10	臭气浓度	三点式比较臭袋法	GB 14675

注:分析方法中,未列出国标的暂时采用下列方法,待国家标准方法颁布后执行国家标准。

1)水和废水监测分析方法(第三版),中国环境科学出版社,1989。

2)卫生防疫检验,上海科学技术出版社,1964。

5 标准的实施

5.1 本标准由县级以上人民政府环境保护行政主管部门实施统一监督管理。

5.2 省、自治区、直辖市人民政府可根据地方环境和经济发展的需要，确定严于本标准的集约化畜禽养殖业适用规模，或制定更为严格的地方畜禽养殖业污染物排放标准，并报国务院环境保护行政主管部门备案。

表 9 鄱阳湖生态经济区水污染物排放标准

（DB 36/ 852－2015，实施日期 2015－10－01）

序号	污染物(毫克/升)	湖体核心保护区	湖滨控制开发带	高效集约开发区
1	悬浮物(SS)	50	50	150
2	化学需氧量(COD_{Cr})	60	60	150
3	总氮(以 N 计)	20	20	70
4	氨氮(以 N 计)	15	15	40
5	总磷(以 P 计)	2.0	2.0	5.0

江西省农业生态环境保护条例

（2017 年 3 月 21 日江西省第十二届人民
代表大会常务委员会第三十二次会议通过）

第一章　总　则

第一条　为了保护和改善农业生态环境，保障农产品质量安全和公众健康，促进农业可持续发展，推动本省国家生态文明试验区建设，根据《中华人民共和国环境保护法》《中华人民共和国农业法》等有关法律、行政法规的规定，结合本省实际，制定本条例。

第二条　在本省行政区域内从事与农业生态环境保护有关的活动，适用本条例。

第三条　本条例所称农业生态环境，是指农业生物赖以生存和繁衍的各种天然的和人工改造的自然因素总体，包括土壤、水、大气、生物等。

第四条　农业生态环境保护应当遵循预防为主、防治结合、管护并举、职责严明的原则。

第五条　县级以上人民政府应当对本行政区域的农业生态环境质量负责，将农业生态环境保护纳入国民经济和社会发展规划，建立健全农业生态环境保护体系，提高农业生态环境保护能力，改善农业生态环境。

县级以上人民政府应当加大农业生态环境保护的投入，将农业生态环境保护经费纳入财政预算，保障农业生态环境质量调查与监测、污染防治、农业废弃物综合利用以及示范项目建设等工作的开展；统筹相关农业补贴资金，采取农业生态环境补贴或者生态补偿等措施，对从事有机农业、生态循环农业活动的农业生产者给予扶持。乡镇人民政府应当在其职责范围内组织实施农业生态环境保护活动。

第六条　环境保护主管部门依法对本行政区域内的农业生态环境保护工作实施统一监督管理。

县级以上人民政府农业主管部门对本行政区域内农业生态环境保护实施具体监督管理，履行下列职责：

（一）会同有关部门制定并组织实施农业生态环境保护规划；

（二）会同有关部门组织开展农业生态环境质量调查与监测；

（三）宣传普及农业生态环境保护知识，组织指导对农业生态环境污染进行预防和治理；

（四）制定并实施农业生态环境污染突发事件应急专项预案；

（五）组织调查或者参与调查农业生态环境污染事故；

（六）依法查处污染和破坏农业生态环境的违法行为；

（七）法律法规规定的其他监督管理职责。

县级以上人民政府国土资源、发展改革、住房城乡建设、财政、水利、林业等有关部门，在各自职责范围内，做好农业生态环境保护有关工作。

村（居）民委员会应当协助做好农业生态环境保护有关工作。

第七条　各级人民政府及其有关部门应当加强农业生态环境保护的宣传教育，增强公民保护农业生态环境的意识，支持和鼓励农业生态环境保护科学技术的研究开发、成果转化和推广应用。

县级以上人民政府农业主管部门应当对农业生产者开展技术

培训，推广农业生态环境保护先进技术，指导和帮助农业生产者保护和改善农业生态环境。

第八条　任何单位和个人都有保护农业生态环境的义务。对危害农业生态环境的行为，有权进行举报、投诉。

县级以上人民政府农业主管部门、环境保护主管部门应当公布举报和投诉电话、电子邮箱等；接到举报或者投诉后，应当依法及时处理，并将处理结果告知举报人或者投诉人。

第二章　农用地保护

第九条　农用地实行分类保护。根据农用地土壤污染程度，将未污染和轻微污染的划为优先保护类，轻度污染和中度污染的划为安全利用类，重度污染的划为严格管控类。

县级人民政府农业主管部门和环境保护主管部门应当会同国土资源、水利、林业等有关部门，对本行政区域内的农用地土壤环境质量状况进行调查、监测，提出农用地分类保护清单，经本级人民政府审核，逐级报省人民政府审定后实施。

农用地土壤环境质量发生变化，需要对农用地分类进行调整的，应当按照前款规定的程序办理。

第十条　对优先保护类农用地，县级以上人民政府农业等有关部门、环境保护主管部门应当采取有效措施，防止各种污染源对农用地环境造成污染。

优先保护类农用地中的耕地划为永久基本农田的，除法律规定的重点建设项目选址确实无法避让外，其他任何建设不得占用。

优先保护类农用地中的耕地集中区域，禁止新建有色金属冶炼、石油加工、化工、焦化、电镀、制革等企业以及垃圾填埋场。现有相关企业应当采用新技术、新工艺进行升级改造。在优先保护类农用地中的耕地集中区域周边地区，建设有色金属冶炼、石油加工、化工、焦化、电镀、制革等企业，应当遵守法律法规和国家、省有关规定。

第十一条　对安全利用类农用地中的耕地集中区域，县级以上人民政府农业主管部门、环境保护主管部门应当结合当地主要作物品种和种植习惯，制定实施受污染耕地安全利用方案，采取替代种植、轮耕休耕等措施降低农产品超标风险。

对安全利用类农用地，应当对其周边地区采取环境准入限制等措施，减少或者消除污染。

第十二条　对严格管控类农用地中的耕地，县级以上人民政府农业主管部门、环境保护主管部门应当依法划定特定农产品禁止生产区域，禁止种植食用农产品，调整种植结构或者退耕还林，优先实行土壤污染治理与修复。

第十三条　各级人民政府应当组织农业生产者依法合理开发利用农业资源，改造中低产田，开展小流域治理，预防和治理水土流失、土壤沙化、酸化、盐渍化和贫瘠化。

任何单位和个人从事采(探)矿、挖砂、取土等活动，应当依照有关法律法规的规定，采取措施，恢复植被，预防和减轻水土流失。

第十四条　在农用地修建处置、堆存固体废弃物场地的，应当符合国家环境保护标准，并征求当地农业主管部门的意见。

对固体废弃物应当采取措施，防止扬散、自燃、渗漏、流失。

第三章　农用水保护

第十五条　各级人民政府应当采取措施，加强对江河、湖泊、水库的水质保护，严格控制在江河、湖泊、水库新建、改建或者扩大排污口，防止农用水水体污染。

各级人民政府应当发展节水灌溉农业，加强农田水利工程建设和维护，定期组织疏浚、清理塘坝、沟渠，推广渠道防渗、管道输水、喷灌微灌等节水灌溉技术，完善灌溉用水计量设施。

第十六条　环境保护主管部门应当会同县级以上人民政府水行政主管部门、农业主管部门加强农田灌溉用水水质监测，对不符合农田灌溉水质标准的污水，应当采取相应措施，防止污染土壤、农产品和地下水。

第十七条　县级以上人民政府渔业主管部门负责对渔业水域的污染情况进行监测。

渔业水域遭受突发性污染时，县级以上人民政府渔业主管部门应当及时向本级人民政府和上级人民政府渔业主管部门报告。经本级人民政府批准，县级以上人民政府渔业主管部门可以发布公告，禁止在规定的期限和受污染区域内采捕水产品；情况严重时，应当采取其他应急措施。

第十八条　水产养殖用水应当符合渔业水质标准，养殖场所的进排水系统应当分开，养殖废水排放应当符合国家规定标准。

从事水产养殖的单位和个人应当加强养殖用水水质监测，养殖用水水质受到污染时，应当立即停止使用，经净化处理达到渔业水质标准后方可使用；污染严重的，应当及时报告当地渔业主管部门。

禁止在江河、湖泊、水库使用无机肥、有机肥、生物复合肥进行水产养殖。

禁止将病害高发期或者发生疫情时的养殖用水向公共水域排放。

第十九条　禁止向农田和渔业水域直接排放不符合国家和省规定标准的工业废水、城镇污水。向农田灌溉渠道排放工业废水、城镇污水的，应当进行无害化处理，保证其下游最近灌溉取水点的水质符合国家规定的农田灌溉水质标准。

禁止向农田灌溉渠道、渔业水域倾倒油类、酸液、碱液、有毒废液、含病原体废水，以及在灌溉渠道、渔业水域浸泡或者清洗装储油类、有毒、有害污染物的器具、包装物。

第四章　生物资源保护

第二十条　县级以上人民政府应当根据国家有关农业生产的生物资源保护制度，对稀有、濒危、珍贵生物资源及其原生地实行重点保护，防止农业生产活动对生物多样性造成危害。

第二十一条　县级以上人民政府农业、林业主管部门应当加强对野生植物的监测、保护、研究和利用，在国家和地方重点保护野生植物物种的天然集中分布区域，依法建立保护区；在其他区域，根据实际情况建立保护点或者设立保护标志。对生长受到威胁的国家和地方重点保护野生植物，应当采取拯救措施，保护或者恢复其生长环境，必要时建立繁育基地、种质资源库或者采取迁地保护措施。

第二十二条　鼓励运用生物技术防治农作物病虫害。

县级以上人民政府应当加强对农作物害虫、害兽的天敌的保护，禁止非法猎捕、收购、运输和出售野生蛙类、蛇类、鸟类等农作物害虫、害兽的天敌。

第二十三条　从境外引进农业外来物种，引进单位或者个人应当按照国家规定履行登记或者审批手续。

县级以上人民政府应当组织有关部门对引进物种进行跟踪观察，发现可能对农业生态环境造成危害的，应当及时采取相应的安全控制措施，避免危害的发生或者减轻、消除危害。

县级以上人民政府农业主管部门应当加强对农业外来入侵生物的监控,并对农业外来入侵有害生物组织灭杀。

第五章　农业污染防治

第一节　畜禽养殖污染防治

第二十四条　县级人民政府应当按照国家和省有关规定划分畜禽养殖禁养区、限养区、可养区。

在禁养区内,不得新建畜禽养殖场(小区);已经建成的,由当地县级人民政府责令限期关闭或者搬迁,并依法给予补偿。

在限养区内,严格控制畜禽养殖规模,不得新建和扩建畜禽养殖场(小区)。

第二十五条　建设畜禽养殖场(小区)应当符合当地畜禽养殖布局规划,并进行环境影响评价。

畜禽养殖场(小区)自行建设的粪便、废水、畜禽尸体及其他废弃物综合利用和无害化处理设施,应当与主体工程同时设计、同时施工、同时投入使用。畜禽养殖场(小区)未自行建设废弃物综合利用和无害化处理设施的,应当委托有能力的单位代为处理。

自行建设畜禽养殖废弃物综合利用和无害化处理设施的畜禽养殖场(小区)或者代为处理畜禽养殖废弃物的单位,应当建立相关设施运行管理台账,载明设施运行、维护情况以及相应污染物产生、排放和综合利用等情况;排放的畜禽粪便、污水等废弃物,应当符合国家和省规定的污染物排放标准和总量控制指标。

第二十六条　分散养殖户应当对畜禽进行圈养,对畜禽粪便就地消纳。散户圈养地应当与居民集中区间隔一定距离。

鼓励和支持对散养密集区畜禽粪便、污水等废弃物实行分户收集、集中处理利用。

第二十七条　县级以上人民政府应当采取措施，扶持畜禽养殖废弃物综合利用。县级以上人民政府畜牧兽医主管部门应当加强对畜禽养殖废弃物综合利用的指导和服务。

鼓励和支持单位、个人建设集中式畜禽养殖废弃物处理或者有机肥制取等设施。

第二十八条　以上人民政府畜牧兽医主管部门应当依法规范、限制使用抗生素等化学药品，采取畜禽集中养殖区域环境激素类化学品限制、替代、淘汰等措施，防止兽药、饲料添加剂中的有害成分污染农业生态环境。

第二节　农药、化肥、农膜污染防治

第二十九条　省人民政府农业主管部门应当定期公布国家和省明令淘汰或者禁止生产、销售和使用的农药、化肥、农膜等农业投入品目录，及时推广无毒低毒的农业投入品。

县级以上人民政府农业主管部门应当制定农药、化肥、农膜等农业投入品减量使用计划，推广测土配方施肥、病虫草害绿色防控技术，鼓励、引导农业生产者通过种植绿肥、增施有机肥、种植结构调整等措施培肥地力，治理和改善农业生态环境。

第三十条　禁止违法生产、销售下列农业投入品：

（一）剧毒、高毒、高残留农药；

（二）重金属、持久性有机污染物等有毒有害物质超标的肥料、土壤改良剂或者添加物；

（三）不符合标准的农膜。

向农业生产者提供城镇垃圾、粉煤灰和污泥作为肥料的，应当符合国家和省有关标准。

第三十一条　农业生产者使用农业投入品时，应当采取下列措施保护农业生态环境：

（一）使用高效、低毒、低残留农药和生物农药，减量使用植物生长调节剂、除草剂；

（二）按照规定的用药品种、用药量、用药次数、用药方法和安全间隔期施药，防止农药残留污染土壤环境；

（三）将秸秆和粪肥还田，合理使用化肥；

（四）使用符合国家标准的农膜；

（五）及时回收农药、肥料的包装物和难降解的残留废弃农膜等。

农业生产者不得使用国家和省明令淘汰或者禁止使用的农药、化肥、农膜等农业投入品。

第三十二条　县级以上人民政府应当确定负责农业投入品废弃物回收和处理的主管部门，并采取奖励补贴等措施，因地制宜设置农业投入品废弃物回收点，健全回收、贮运和综合利用网络，实施集中无害化处理。鼓励、支持单位和个人从事农业投入品废弃物的无害化处理和回收利用。

第三节　大气污染和其他污染防治

第三十三条　禁止超过国家和省规定标准排放烟尘、粉尘及有毒、有害气体。因超标准排放对农业生态环境造成有害影响的，排放单位应当采取治理措施，达标后方可排放。

第三十四条　县级以上人民政府应当通过肥料化、饲料化、燃料化、基料化、原料化等多种途径，组织建立秸秆收集、储存、运输和综合利用服务体系，促进秸秆的综合利用。禁止露天焚烧秸秆、落叶等产生烟尘污染的物质。

第三十五条　县级以上人民政府应当采取措施，防止含有不易降解的有机物和重金属的废水污染农业生态环境。

禁止在农业生产中施用未经检验和安全处理的污水处理厂污

泥、清淤底泥和矿渣等。

第三十六条 禁止向农田和农用水源附近倾倒、弃置、堆存垃圾、固体废弃物或者其他有毒有害物质。

鼓励对垃圾分类投放收集、综合循环利用,逐步实现垃圾处理的减量化、资源化、无害化。

第三十七条 采矿企业应当采取科学的开采方式、选矿工艺、运输方式和环境保护措施,防止废气、废水、矸石和废石等污染或者破坏农业生态环境。

第六章 监督管理

第三十八条 县级以上人民政府应当组织农业、环境保护、国土资源、发展改革、住房城乡建设、财政、水利、林业、供销等有关部门建立农业生态环境保护协调机制,研究和协调解决农业生态环境保护中的重大问题。

第三十九条 省人民政府农业主管部门应当会同环境保护等有关部门制定农业生态环境调查监测、风险评估、治理修复等技术规范。

第四十条 县级以上人民政府农业主管部门应当根据法律法规规定和国家监测规范要求,加强监测网络建设,定期开展农业生态环境调查、监测和评价工作,编制本行政区域农业生态环境状况及发展趋势报告,并报本级人民政府和上级农业主管部门,为开展农业生态环境保护、改善农业生态环境质量提供准确可靠的监测数据和评价资料。

省人民政府环境保护主管部门和农业主管部门应当在下列地区设置省级监测点,监测农产品产地生态环境变化动态:

(一)工矿企业周边的农产品生产区;

（二）污水灌溉区；

（三）大中城市郊区农产品生产区；

（四）重要农产品生产区；

（五）其他需要监测的区域。

县级以上人民政府农业主管部门应当加强农业生态环境监督管理队伍建设，保障监督管理所需装备，提高监督管理能力。

第四十一条　县级以上人民政府农业主管部门、环境保护主管部门应当依照有关法律法规的规定，按照各自的职责，采取随机抽查与重点检查相结合的方式，对本行政区域内的农业生态环境污染和破坏情况进行监督检查。被检查单位、个人应当如实反映情况，提供必要的资料。

第四十二条　县级以上人民政府农业主管部门、环境保护主管部门及其他负有农业生态环境保护监督管理职责的部门依法进行现场检查时，有权采取下列措施：

（一）向有关单位和个人了解情况，查阅、复制有关文件资料；

（二）责令立即消除或者限期消除农业生态环境污染事故隐患；

（三）责令停止使用不符合法律法规规定或者国家标准、行业标准的设施、设备、物质；

（四）依法查封、扣押造成或者可能造成严重污染的污染物排放的设施、设备，以及国家和省明令淘汰或者禁止生产、销售的农业投入品；

（五）责令停止污染农业生态环境的其他违法行为。

第四十三条　发生农业生态环境污染突发事件时，当地农业、环境保护主管部门应当及时向本级人民政府报告，赶赴现场调查取证和应急处理，并启动相应的应急预案。

第四十四条　因发生事故或者突发性事件，造成或者可能造成农业生态环境污染的单位或者个人，应当立即采取有效防治措施控制、减轻或者消除污染，及时告知可能受到污染的单位和居民，并向当地农业、环境保护主管部门和其他有关部门报告，依法接受调查处理。

第四十五条　县级以上人民政府农业主管部门应当会同环境保护主管部门，对因农业投入品的不合理使用等造成的农业生态环境污染进行调查处理。环境保护主管部门应当会同县级以上人民政府农业主管部门，对因工业污染、城乡生活污染、畜禽规模养殖污染等造成的农业生态环境污染进行调查处理。

第四十六条　县级以上人民政府应当组织农业、环境保护、国土资源、水利、林业等部门制定农业生态环境污染的治理与修复方案，开展农业生态环境综合治理，逐步恢复受污染的农业生态环境的基本功能。

造成农业生态环境污染和生态破坏的单位或者个人应当承担治理与修复的主体责任。责任主体灭失或者责任主体不明确的，由县级以上人民政府确定治理与修复责任人。

第四十七条　跨行政区域的农业生态环境污染防治工作，由有关人民政府协商解决，协商不成的应当报共同上一级人民政府协调解决。

第四十八条　县级以上人民政府农业主管部门应当建立农业生态环境重大污染违法案件当事人名录，纳入公共信用信息平台，定期向社会公布。

第四十九条　县级以上人民政府应当将农业生态环境保护情况，纳入环境保护考核评价内容，对本级人民政府负有农业生态环境保护监督管理职责的部门及其负责人和下级人民政府及其负责人进行考核。考核结果应当向社会公开。

省人民政府对本行政区域内优先保护类农用地中的耕地面积减少或者土壤环境质量下降的县(市、区)进行预警提醒、约谈,并依法采取环境影响评价限批等限制性措施。

第五十条　对重大农业生态环境违法案件或者突出的农业生态环境污染问题查处不力或者社会反映强烈的,省和设区的市人民政府农业、环境保护主管部门按照各自的职责实施挂牌督办,责成所在地人民政府农业、环境保护主管部门限期查处或者整改。挂牌督办情况应当向社会公开。

第七章　法律责任

第五十一条　法律法规对违反本条例规定的行为已设定处罚的,从其规定。

第五十二条　违反本条例规定,县级以上人民政府农业等有关部门、环境保护主管部门及其工作人员有下列行为之一的,由本级人民政府或者上级主管部门根据情节轻重对直接负责的主管人员和其他直接责任人员依法给予处分。

(一)未按照规定开展农业生态环境有关监测的;

(二)未依法审批项目,造成农业生态环境污染的;

(三)违法批准占用农用地的;

(四)未按照规定启动应急预案,采取相应措施的;

(五)未按照规定组织调查农业生态环境污染事故的;

(六)未依法查处污染和破坏农业生态环境违法行为的;

(七)未按照规定处理农业生态环境污染举报投诉的;

(八)其他滥用职权、玩忽职守、徇私舞弊的行为。

第五十三条　违反本条例规定,未经依法登记或者批准,擅自从境外引进农业外来物种的,由县级以上人民政府农业主管部门责令改正,没收实物和违法所得,并处违法所得三倍以上五倍以下罚款;没有违法所得或者违法所得不足一万元的,处三千元以上三万元以下罚款。

第五十四条 违反本条例规定,畜禽养殖场(小区)未建设畜禽养殖废弃物综合利用和无害化处理设施,也未委托处理畜禽养殖废弃物的,或者废弃物综合利用和无害化处理设施未正常运行的,由环境保护主管部门责令停止生产或者使用,可以处一万元以上五万元以下罚款;造成严重后果的,可以处五万元以上十万元以下罚款。

第五十五条 违反本条例规定,违法生产、销售剧毒、高毒、高残留农药,重金属等有毒有害物质超标的肥料、土壤改良剂或者添加物以及不符合标准的农膜的,由县级以上人民政府农业主管部门或者法律、行政法规规定的其他有关部门责令停止生产、销售,没收实物,并依照有关法律、行政法规的规定予以处罚。

第五十六条 违反本条例规定,不按照国家有关农药安全使用的规定使用农药的,由县级以上人民政府农业主管部门给予警告;造成严重后果的,对农业生产经营组织处一万元以上三万元以下罚款,对个人处一千元以上三千元以下罚款。

第五十七条 违反本条例规定,不及时回收农药、肥料的包装物和难降解的残留废弃农膜的,由县级以上人民政府负责农业投入品废弃物回收和处理的主管部门责令限期改正;逾期不改正造成农业生态环境污染的,处二百元以上二千元以下罚款。

第五十八条 违反本条例规定,造成农业生态环境污染的,由环境保护主管部门或者县级以上人民政府农业主管部门责令限期治理;逾期不治理或者治理达不到要求的,由作出责令限期治理决定的部门组织治理,所需费用由违法行为人承担。给农业生产者造成损失的,有关责任者应当依法赔偿。

第五十九条　违反本条例规定的行为,构成犯罪的,依法追究刑事责任。

第八章　附　则

第六十条　本条例自 2017 年 10 月 1 日起施行。

高床节水育肥猪舍设计技术规程

（DB 36/T 913—2016，2016－07－01 实施）

1　范围

本标准规定了高床节水育肥猪舍设计的术语和定义、场地选择、猪舍建筑设计、漏粪地板设计、斜坡集粪池设计、自动饮水系统设计、饮用余水导流设计、自动喂料系统和清粪系统设计。

本标准适用于高床节水育肥猪舍的设计。

2　规范性引用文件

下列文件对于本标准的应用是必不可少的。凡是注日期的引用文件，仅所注日期的版本适用于本标准。凡是不注日期的引用文件，其最新版本（包括所有的修改单）适用于本标准。

GB 3095 环境空气质量标准

GB/T 17824.1 规模猪场建设

GB/T 17824.2 规模猪场生产技术规程

GB/T 17824.3 规模猪场环境参数及环境管理

GB 18596 畜禽养殖业污染物排放标准

NY/T 388 畜禽场环境质量标准

3　术语和定义

下列术语和定义适用于本标准。

3.1　高床养殖

利用建筑材料架设高床，床面全部或部分铺设漏缝地板，将育肥猪脱离地面的饲养方式。

3.2　育肥猪

指猪只从体重30千克到出栏前育肥阶段的猪。

3.3　2/3漏缝地板

猪栏地面的2/3采用漏缝地板,其余1/3为非漏缝地板的高床猪舍设计方式。

3.4　全漏缝地板

猪栏地面全部采用漏缝地板的高床猪舍设计方式。

3.5　饮用余水

生猪在饮水时,由饮水器喷溅、溢出或猪嘴中流出的余水。

3.6　斜坡集粪池(沟)

高床养殖方式的猪舍,其漏缝地板下部采用斜坡设计的集粪池(沟)。

3.7　高床节水猪舍

将2/3漏缝地板或全漏缝地板、饮用余水导流设计、斜坡集粪池(沟)及自动饮水系统等有机结合的免冲洗节水高床养殖猪舍。

4　场地选择

4.1　场地选择

符合GB/T 17824.1、GB/T 17824.2的要求。

4.2　养殖场环境

符合GB 3095、GB/T 17824.3、GB 18596、NY/T 388的要求。

5　猪舍建筑设计

5.1　猪舍布局

5.1　猪舍设计为长方形结构,长宽依地形而定,坐北朝南,舍内为东西走向。

5.2 猪舍建筑

5.2.1 猪舍主体结构,采用砖混式或钢架式主体结构,全封闭式栏舍,墙体及屋顶采用节能环保建筑材料,在两侧墙设置可自由开闭的窗户,窗户大小应兼顾采光、通风和保温需要,猪舍纵向两端安装水帘和负压风机,猪栏地面为架空高床漏缝地板。

5.2.2 猪舍通风设计,根据负压通风原理设计,通过负压抽风,使室内与室外空气交换,将室内热气、秽气排出,自然流入新鲜空气,实现舍内外空气交换。

5.2.3 猪舍降温系统,采用自动水帘喷雾与负压通风联动设计,温度较高时同时启动负压抽风机和水帘喷雾装置,在更换空气的同时将水雾抽入猪舍内迅速降低猪舍温度。

6 漏粪地板设计

6.1 2/3 漏粪地板及斜坡集粪池(沟)设计

6.1.1 新建育肥猪舍采用双列式栏舍设计,栏舍底部架空,舍内地面抬高 1.4 ~1.8 米,其中靠外侧 2/3 的地面为漏缝地板宽,漏缝板规格为 1.5 米 ×0.6 米,缝宽 2 厘米;靠里侧的 1/3 的地面为地面或水泥板。

6.1.2 斜坡集粪池(沟)设计,猪舍漏缝地板下部集粪池(沟)采用横纵向斜坡设计,斜坡分为纵向和横向,横向斜坡呈 30°左右坡度并用水泥收光形成集粪沟,斜坡外侧设置集水沟,粪便及尿液直接掉到横向斜坡上,干粪由于流动性差被截留在斜坡上,尿液经斜坡流向集水沟,实现固液分离。集水沟采取纵向斜坡设计,坡度为 1%,使废水单向流入猪舍一侧的排污管道。

6.2 全漏粪地板设计

6.2.1 新建育肥猪舍采用双列式栏舍设计,栏舍底部架空,舍内地面抬高 0.6 ~0.8 米,中间通道采用实心地板,宽 1.8 米;猪栏内全为漏缝地板,漏缝地板规格为1.5 米×0.6 米,缝宽2 厘米。

6.2.2 猪舍漏缝地板下部根据栏面宽度和刮粪板规格设置2~3 条水泥粪尿沟,粪尿沟离高床漏缝地板60~80 厘米,粪尿沟截面为两侧高中间低的V 字形,两边与地面呈2%~3%角度斜坡,猪尿、废水与粪便直接掉入地板下,粪尿通过导污管自动分离,尿液及废水自然流入排污管道。

6.2.3 粪沟中安装机械清粪装置。

7 自动饮水系统

采用猪用碗式饮水器,猪用饮水碗由水杯和弹簧阀门机构组成,猪只饮水时用嘴拱动压板,推开出水阀门,供水管内的水通过阀门及阀门座流入碗内供猪只饮用,饮完水靠阀门弹赞的张力使阀门自动复位,切断水路,停止供水,有利于饮水卫生可减少猪只因玩要饮水器浪费水。

8 饮用余水导流设计

在饮水器下方地面设计水泥槽,收集饮用余水,并通过专用管道引入雨水管网或清洁水池避免饮用余水进入粪污处理系统,减少污水产生量。

9 自动喂料系统

主要由料(塔)、输料管道、螺旋弹簧、料盘、悬挂升降装置、驱动装置、电控系统组成,饲料从料塔中自动输送到舍内料盘(槽)中,供猪自由采食或定时定量采食。

10 清粪系统设计

10.1 人工清粪系统

在猪栏粪便尿沟外侧漏粪地板旁设置人工清粪通道,通道宽80~100 厘米,便于小推车通行。猪粪穿过漏缝地板,沿着斜坡滚下,停留在集粪池内,定期由工人清扫铲入小推车运出猪舍。

10.2 机械自动清粪系统

采用链式刮板清粪装置,链式刮板清粪装置由链刮板、驱动器、导向轮和紧张机构等组成,通常安装在猪舍的一侧,驱动器带动链刮板在粪沟内单向移动,将粪便带到猪舍污道端的集粪坑内,然后由倾斜的升运器将粪便送出舍外。

病死动物无害化处理技术规范

（农医发〔2013〕34 号）

为规范病死动物尸体及相关动物产品无害化处理操作技术，预防重大动物疫病，维护动物产品质量安全，依据《中华人民共和国动物防疫法》及有关法律法规制定本规范。

1　适用范围

本规范规定了病死动物尸体及相关动物产品无害化处理方法的技术工艺和操作注意事项，以及在处理过程中包装、暂存、运输、人员防护和无害化处理记录要求。

2　引用规范和标准

《中华人民共和国动物防疫法》（2007 年主席令第 71 号）

《动物防疫条件审查办法》（农业部令 2010 年第 7 号）

《病死及死因不明动物处置办法（试行）》（农医发〔2005〕25 号）

GB 16548 病害动物和病害动物产品生物安全处理规程

GB 19217 医疗废物转运车技术要求（试行）

GB 18484 危险废物焚烧污染控制标准

GB 18597 危险废物储存污染控制标准

GB 16297 大气污染物综合排放标准

GB 14554 恶臭污染物排放标准

GB 8978 污水综合排放标准

GB 5085.3 危险废物鉴别标准

GB/T 16569 畜禽产品消毒规范

GB 19218 医疗废物焚烧炉技术要求(试行)

GB/T 19923 城市污水再生利用工业用水水质标准

当上述标准和文件被修订时,应使用其最新版本。

3　术语和定义

3.1　无害化处理

本规范所称无害化处理,是指用物理、化学等方法处理病死动物尸体及相关动物产品,消灭其所携带的病原体,消除动物尸体危害的过程。

3.2　焚烧法

焚烧法是指在焚烧容器内,使动物尸体及相关动物产品在富氧或无氧条件下进行氧化反应或热解反应的方法。

3.3　化制法

化制法是指在密闭的高压容器内,通过向容器夹层或容器通入高温饱和蒸汽,在干热、压力或高温、压力的作用下,处理动物尸体及相关动物产品的方法。

3.4　掩埋法

掩埋法是指按照相关规定,将动物尸体及相关动物产品投入化尸窖或掩埋坑中并覆盖、消毒,发酵或分解动物尸体及相关动物产品的方法。

3.5　发酵法

发酵法是指将动物尸体及相关动物产品与稻糠、木屑等辅料按要求摆放,利用动物尸体及相关动物产品产生的生物热或加入特定生物制剂,发酵或分解动物尸体及相关动物产品的方法。

4 无害化处理方法

4.1 焚烧法

4.1.1 直接焚烧法

4.1.1.1 技术工艺

4.1.1.1.1 可视情况对动物尸体及相关动物产品进行破碎预处理。

4.1.1.1.2 将动物尸体及相关动物产品或破碎产物,投至焚烧炉本体燃烧室,经充分氧化、热解,产生的高温烟气进入二燃室继续燃烧,产生的炉渣经出渣机排出。燃烧室温度应≥850℃。

4.1.1.1.3 二燃室出口烟气经余热利用系统、烟气净化系统处理后达标排放。

4.1.1.1.4 焚烧炉渣与除尘设备收集的焚烧飞灰应分别收集、储存和运输。焚烧炉渣按一般固体废物处理;焚烧飞灰和其他尾气净化装置收集的固体废物如属于危险废物,则按危险废物处理。

4.1.1.2 操作注意事项

4.1.1.2.1 严格控制焚烧进料频率和重量,使物料能够充分与空气接触,保证完全燃烧。

4.1.1.2.2 燃烧室内应保持负压状态,避免焚烧过程中发生烟气泄露。

4.1.1.2.3 燃烧所产生的烟气从最后的助燃空气喷射口或燃烧器出口到换热面或烟道冷风引射口之间的停留时间应≥2 秒。

4.1.1.2.4 二燃室顶部设紧急排放烟囱,应急时开启。

4.1.1.2.5 应配备充分的烟气净化系统,包括喷淋塔、活性炭喷射吸附、除尘器、冷却塔、引风机和烟囱等,焚烧炉出口烟气中氧含量应为6% ~10%(干气)。

4.1.2 炭化焚烧法

4.1.2.1 技术工艺

4.1.2.1.1 将动物尸体及相关动物产品投至热解炭化室，在无氧情况下经充分热解，产生的热解烟气进入燃烧（二燃）室继续燃烧，产生的固体炭化物残渣经热解炭化室排出。热解温度应≥600℃，燃烧（二燃）室温度≥1100℃，焚烧后烟气在1100℃以上停留时间≥2秒。

4.1.2.1.2 烟气经过热解炭化室热能回收后，降至600℃左右进入排烟管道。烟气经过湿式冷却塔进行"急冷"和"脱酸"后进入活性炭吸附和除尘器，最后达标后排放。

4.1.2.2 注意事项

4.1.2.2.1 应检查热解炭化系统的炉门密封性，以保证热解炭化室的隔氧状态。

4.1.2.2.2 应定期检查和清理热解气输出管道，以免发生阻塞。

4.1.2.2.3 热解炭化室顶部需设置与大气相连的防爆口，热解炭化室内压力过大时可自动开启泄压。

4.1.2.2.4 应根据处理物种类、体积等严格控制热解的温度、升温速度及物料在热解炭化室里的停留时间。

4.2 化制法

4.2.1 干化法

4.2.1.1 技术工艺

4.2.1.1.1 可视情况对动物尸体及相关动物产品进行破碎预处理。

4.2.1.1.2 动物尸体及相关动物产品或破碎产物输送入高温高压容器。

4.2.1.1.3　处理物中心温度≥140℃，压力≥0.5兆帕（绝对压力），时间≥4小时（具体处理时间随需处理动物尸体及相关动物产品或破碎产物种类和体积大小而设定）。

4.2.1.1.4　加热烘干产生的热蒸汽经废气处理系统后排出。

4.2.1.1.5　加热烘干产生的动物尸体残渣传输至压榨系统处理。

4.2.1.2　操作注意事项

4.2.1.2.1　搅拌系统的工作时间应以烘干剩余物基本不含水分为宜，根据处理物量的多少，适当延长或缩短搅拌时间。

4.2.1.2.2　应使用合理的污水处理系统，有效去除有机物、氨氮，达到国家规定的排放要求。

4.2.1.2.3　应使用合理的废气处理系统，有效吸收处理过程中动物尸体腐败产生的恶臭气体，使废气排放符合国家相关标准。

4.2.1.2.4　高温高压容器操作人员应符合相关专业要求。

4.2.1.2.5　处理结束后，需对墙面、地面及其相关工具进行彻底清洗消毒。

4.2.2　湿化法

4.2.2.1　技术工艺

4.2.2.1.1　可视情况对动物尸体及相关动物产品进行破碎预处理。

4.2.2.1.2　将动物尸体及相关动物产品或破碎产物送入高温高压容器，总质量不得超过容器总承受力的五分之四。

4.2.2.1.3　处理物中心温度≥135℃，压力≥0.3兆帕（绝对压力），处理时间≥30分钟（具体处理时间随需处理动物尸体及相关动物产品或破碎产物种类和体积大小而设定）。

4.2.2.1.4　高温高压结束后，对处理物进行初次固液分离。

4.2.2.1.5　固体物经破碎处理后，送入烘干系统；液体部分送入油水分离系统处理。

4.2.2.2　操作注意事项

4.2.2.2.1　高温高压容器操作人员应符合相关专业要求。

4.2.2.2.2　处理结束后，需对墙面、地面及其相关工具进行彻底清洗消毒。

4.2.2.2.3　冷凝排放水应冷却后排放，产生的废水应经污水处理系统处理达标后排放。

4.4.2.2.4　处理车间废气应通过安装自动喷淋消毒系统、排风系统和高效微粒空气过滤器（HEPA 过滤器）等进行处理，达标后排放。

4.3　掩埋法

4.3.1　直接掩埋法

4.3.1.1　选址要求

4.3.1.1.1　应选择地势高燥，处于下风向的地点。

4.3.1.1.2　应远离动物饲养厂（饲养小区）、动物屠宰加工场所、动物隔离场所、动物诊疗场所、动物和动物产品集贸市场、生活饮用水源地。

4.3.1.1.3　应远离城镇居民区、文化教育科研等人口集中区域、主要河流及公路、铁路等主要交通干线。

4.3.1.2　技术工艺

4.3.1.2.1　掩埋坑体容积以实际处理动物尸体及相关动物产品数量确定。

4.3.1.2.2　掩埋坑底应高出地下水位 1.5 米以上，要防渗、防漏。

4.3.1.2.3　坑底洒一层厚 2 ~5 厘米的生石灰或漂白粉等消

毒药。

4.3.1.2.4　将动物尸体及相关动物产品投入坑内,最上层距离地表1.5米以上。

4.3.1.2.5　生石灰或漂白粉等消毒药消毒。

4.3.1.2.6　覆盖距地表20~30厘米,厚度不少于1.0~1.2米的覆土。

4.3.1.3　操作注意事项

4.3.1.3.1　掩埋覆土不要太实,以免腐败产气造成气泡冒出和液体渗漏。

4.3.1.3.2　掩埋后,在掩埋处设置警示标识。

4.3.1.3.3　掩埋后,第一周内应每日巡查1次,第二周起应每周巡查1次,连续巡查3个月,掩埋坑塌陷处应及时加盖覆土。

4.3.1.3.4　掩埋后,立即用氯制剂、漂白粉或生石灰等消毒药对掩埋场所进行1次彻底消毒。第一周内应每日消毒1次,第二周起应每周消毒1次,连续消毒三周以上。

4.3.2　化尸窖

4.3.2.1　选址要求

4.3.2.1.1　畜禽养殖场的化尸窖应结合本场地形特点,宜建在下风向。

4.3.2.1.2　乡镇、村的化尸窖选址应选择地势较高,处于下风向的地点。应远离动物饲养厂(饲养小区)、动物屠宰加工场所、动物隔离场所、动物诊疗场所、动物和动物产品集贸市场、泄洪区、生活饮用水源地;应远离居民区、公共场所,以及主要河流、公路、铁路等主要交通干线。

4.3.2.2　技术工艺

4.3.2.2.1　化尸窖应为砖和混凝土,或者钢筋和混凝土密封结构,应防渗防漏。

4.3.2.2.2 在顶部设置投置口,并加盖密封加双锁;设置异味吸附、过滤等除味装置。

4.3.2.2.3 投放前,应在化尸窖底部铺洒一定量的生石灰或消毒液。

4.3.2.2.4 投放后,投置口密封加盖加锁,并对投置口、化尸窖及周边环境进行消毒。

4.3.2.2.5 当化尸窖内动物尸体达到容积的四分之三时,应停止使用并密封。

4.3.2.3 注意事项

4.3.2.3.1 化尸窖周围应设置围栏、设立醒目警示标志以及专业管理人员姓名和联系电话公示牌,应实行专人管理。

4.3.2.3.2 应注意化尸窖维护,发现化尸窖破损、渗漏应及时处理。

4.3.2.3.3 当封闭化尸窖内的动物尸体完全分解后,应当对残留物进行清理,清理出的残留物进行焚烧或者掩埋处理,化尸窖池进行彻底消毒后,方可重新启用。

4.4 发酵法

4.4.1 技术工艺

4.4.1.1 发酵堆体结构形式主要分为条垛式和发酵池式。

4.4.1.2 处理前,在指定场地或发酵池底铺设 20 厘米厚辅料。

4.4.1.3 辅料上平铺动物尸体或相关动物产品,厚度≤20 厘米。

4.4.1.4 覆盖 20 厘米辅料,确保动物尸体或相关动物产品全部被覆盖。堆体厚度随需处理动物尸体和相关动物产品数量而定，一般控制在2～3米。

4.4.1.5 堆肥发酵堆内部温度≥54℃，一周后翻堆，3周后完成。

4.4.1.6 辅料为稻糠、木屑、秸杆、玉米芯等混合物，或为在稻糠、木屑等混合物中加入特定生物制剂预发酵后产物。

4.4.2 操作注意事项

4.4.2.1 因重大动物疫病及人畜共患病死亡的动物尸体和相关动物产品不得使用此种方式进行处理。

4.4.2.2 发酵过程中，应做好防雨措施。

4.4.2.3 条垛式堆肥发酵应选择平整、防渗地面。

4.4.2.4 应使用合理的废气处理系统，有效吸收处理过程中动物尸体和相关动物产品腐败产生的恶臭气体，使废气排放符合国家相关标准。

5 收集运输要求

5.1 包装

5.1.1 包装材料应符合密闭、防水、防渗、防破损、耐腐蚀等要求。

5.1.2 包装材料的容积、尺寸和数量应与需处理动物尸体及相关动物产品的体积、数量相匹配。

5.1.3 包装后应进行密封。

5.1.4 使用后，一次性包装材料应作销毁处理，可循环使用的包装材料应进行清洗消毒。

5.2 暂存

5.2.1 采用冷冻或冷藏方式进行暂存，防止无害化处理前动物尸体腐败。

5.2.2 暂存场所应能防水、防渗、防鼠、防盗，易于清洗和消毒。

5.2.3 暂存场所应设置明显警示标识。

5.2.4 应定期对暂存场所及周边环境进行清洗消毒。

5.3 运输

5.3.1 选择专用的运输车辆或封闭厢式运载工具,车厢四壁及底部应使用耐腐蚀材料,并采取防渗措施。

5.3.2 车辆驶离暂存、养殖等场所前,应对车轮及车厢外部进行消毒。

5.3.3 运载车辆应尽量避免进入人口密集区。

5.3.4 若运输途中发生渗漏,应重新包装、消毒后运输。

5.3.5 卸载后,应对运输车辆及相关工具等进行彻底清洗、消毒。

6 其他要求

6.1 人员防护

6.1.1 动物尸体的收集、暂存、装运、无害化处理操作的工作人员应经过专门培训,掌握相应的动物防疫知识。

6.1.2 工作人员在操作过程中应穿戴防护服、口罩、护目镜、胶鞋及手套等防护用具。

6.1.3 工作人员应使用专用的收集工具、包装用品、运载工具、清洗工具、消毒器材等。

6.1.4 工作完毕后,应对一次性防护用品作销毁处理,对循环使用的防护用品消毒处理。

6.2 记录要求

6.2.1 病死动物的收集、暂存、装运、无害化处理等环节应建有台账和记录。有条件的地方应保存运输车辆行车信息和相关环节视频记录。

6.2.2 台账和记录

6.2.2.1 暂存环节

6.2.2.1.1 接收台账和记录应包括病死动物及相关动物产品来源场(户)、种类、数量、动物标识号、死亡原因、消毒方法、收集时间、经手人员等。

6.2.2.1.2 运出台账和记录应包括运输人员、联系方式、运输时间、车牌号、病死动物及产品种类、数量、动物标识号、消毒方法、运输目的地以及经手人员等。

6.2.2.2 处理环节

6.2.2.2.1 接收台账和记录应包括病死动物及相关动物产品来源、种类、数量、动物标识号、运输人员、联系方式、车牌号、接收时间及经手人员等。

6.2.2.2.2 处理台账和记录应包括处理时间、处理方式、处理数量及操作人员等。

6.2.3 涉及病死动物无害化处理的台账和记录至少要保存两年。